输变电工程技术监督典型案例

（规划可研和工程设计阶段）

国家电网有限公司　编

中国电力出版社
CHINA ELECTRIC POWER PRESS

内 容 提 要

《输变电工程技术监督典型案例（规划可研和工程设计阶段）》主要对近年来发生的各电压等级电网工程规划可研和工程设计阶段问题进行分析总结，为开展"两阶段"相关监督工作提供参考和依据。

本书对线圈类设备、开关类设备、补偿装置及电能质量、二次设备、架空线路、电缆线路、绝缘与防雷接地设备、环境保护及水土保持、水工及暖通等方面共64个案例进行了全面分析和总结。在归纳总结问题产生原因及整改措施的基础上，对今后的电网工程规划可研和工程设计阶段监督提供了多样化的工作建议及监督方法。

本书主要可供电力企业及相关单位从事技术监督相关工作的各级管理、技术人员学习使用。

图书在版编目（CIP）数据

输变电工程技术监督典型案例：规划可研和工程设计阶段／国家电网有限公司编. —北京：中国电力出版社，2022.3
ISBN 978-7-5198-5822-3

Ⅰ.①输… Ⅱ.①国… Ⅲ.①输电—电力工程—技术监督—案例②变电所—电力工程—技术监督—案例 Ⅳ.① TM72 ② TM63

中国版本图书馆 CIP 数据核字（2021）第 143112 号

出版发行：中国电力出版社
地　　址：北京市东城区北京站西街 19 号（邮政编码 100005）
网　　址：http://www.cepp.sgcc.com.cn
责任编辑：肖　敏（010–63412363）
责任校对：黄　蓓　马　宁
装帧设计：赵丽媛
责任印制：石　雷

印　　刷：三河市万龙印装有限公司
版　　次：2022 年 3 月第一版
印　　次：2022 年 3 月北京第一次印刷
开　　本：787 毫米 × 1092 毫米　16 开本
印　　张：7.75
字　　数：159 千字
印　　数：0001—3000 册
定　　价：35.00 元

编委会

前言

为深化国家电网有限公司技术监督管理工作，强化技术监督保障作用，深入贯彻执行《国网设备部、发展部、基建部关于印发经研院所技术监督工作推进实施方案的通知》（设备技术〔2019〕70号）文件要求，建立以典型问题分析为引领、以技术标准及实施细则为依据的技术监督运行机制，国家电网有限公司设备管理部组织各经济技术研究院发挥在规划可研、工程设计阶段的技术监督业务支撑作用，对"两阶段"技术监督发现的具有典型性、普遍性、指导性的问题案例进行梳理和总结，形成了现有的《输变电工程技术监督典型案例（规划可研和工程设计阶段）》。

本书共9章，包括线圈类设备、开关类设备、补偿装置及电能质量、二次设备、架空线路、电缆线路、绝缘与防雷接地设备、环境保护及水土保持、水工及暖通共64个案例，每个案例均由问题简述、监督依据、问题分析、处理措施和工作建议5个部分组成，本书总结了在规划可研和工程设计阶段的典型问题，采用通俗易懂的语言和图文并茂的形式介绍了每个案例的发生过程、问题产生的原因、采取的处理措施、后续的工作建议等，助力深入开展"两阶段"技术监督工作，也为技术监督从业人员发现、分析、解决设计方案存在的问题提供参考。

本书由国家电网有限公司设备管理部组织，国网经济技术研究院有限公司、国网安徽省电力有限公司经济技术研究院牵头，国网福建省电力有限公司经济技术研究院、国网江苏省电力有限公司经济技术研究院、国网四川省电力公司经济技术研究院、国网山东省电力公司经济技术研究院、国网辽宁省电力有限公司经济技术研究院、国网陕西省电力有限公司经济技术研究院参与编写。

鉴于编写人员水平有限、编写时间仓促，书中难免有不妥或疏漏之处，敬请读者批评指正。

编者

2021年12月

目录

5　架空线路 56

9 水工及暖通 107

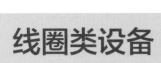
线圈类设备

1.1 变压器

【案例 1】变压器套管接线后相间距不足

技术监督阶段：工程设计。

1. 问题简述

某 500kV 变电站工程，本期建设 1 组 1000MVA 变压器，型式为单相自耦无励磁调压变压器。

500kV 主变压器外形如图 1-1 所示。变压器低压侧 35kV 套管相间距离为 600mm，大于相关规程规范要求（35kV 相间距离 $A_2 \geqslant 400$mm）。引出线采用软导线架空连接，接线后相间距不足 400mm。

2. 监督依据

《高压配电装置技术规范》（DL/T 5352—2018）第 5.1.2 条规定："屋外配电装置的最小安全净距不应小于表 5.1.2-1、表 5.1.2-2 的规定。"3 ~ 500kV 屋外配电装置的最小安全净距见表 1-1。

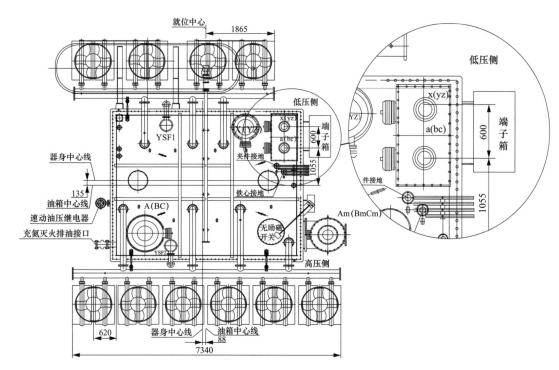

图 1–1 500kV 变压器外形示意图

表 1–1　　　　　　　　　　3 ~ 500kV 屋外配电装置的最小安全净距　　　　　　（mm）

符号	适应范围	系统标称电压（kV）									备注
		3~10	15~20	35	66	110J	110	220J	330J	500J	
A_1	1. 带电部分至接地部分之间。 2. 网状遮栏向上延伸线距地 2.5m 处与遮栏上方带电部分之间	200	300	400	650	900	1000	1800	2500	3800	—
A_2	1. 不同相的带电部分之间。 2. 断路器和隔离开关的断口两侧引线带电部分之间	200	300	450	650	1000	1100	2000	2800	4300	—
B_1	1. 设备运输时，其外廓至无遮栏带电部分之间。 2. 交叉的不同时停电检修的无遮栏带电部分之间。 3. 栅状遮栏至绝缘体和带电部分之间	950	1050	1150	1400	1650	1750	2550	3250	4550	$B_1=A_1+750$
B_2	网状遮栏至带电部分之间	300	400	500	750	1000	1100	1900	2600	3900	$B_2=A_1+70+30$

符号	适应范围	系统标称电压（kV）									备注
		3~10	15~20	35	66	110J	110	220J	330J	500J	
C	1. 无遮栏裸导体至地面之间。 2. 无遮栏裸导体至建筑物，构筑物顶部之间	2700	2800	2900	3100	3400	3500	4300	5000	7500	$C=A_1+2300+200$
D	1. 平行不同时停电检修的无遮栏带电部分之间。 2. 带电部分与建筑物、构筑物的边沿部分之间	2200	2300	2400	2600	2900	3000	3800	4500	5800	$D=A_1+1800+200$

注 110J、220J、330J、500J 系指中性点直接接地系统。

3. 问题分析

按照原设计方案，主变压器低压侧套管引出线采用软导线架空连接时，套管引出线采用 $2 \times$ NAHLGJQ-1440 导线，现场经双引线线夹引出，由于线夹有宽度，导致接线后相间距不足 400mm。

工程设计阶段未考虑接线线夹宽度，缺乏带电距离校验。

4. 处理措施

方案一：联系厂家调整 500kV 变压器低压侧引出套管相对位置，增大套管相间距离，以满足接线后带电距离校验。调整后变压器低压侧套管局部放大图如图 1-2 所示。

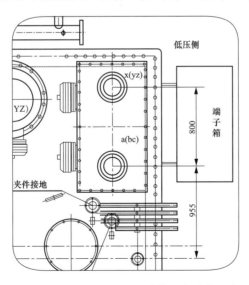

图 1-2 调整后变压器低压侧套管局部放大示意图

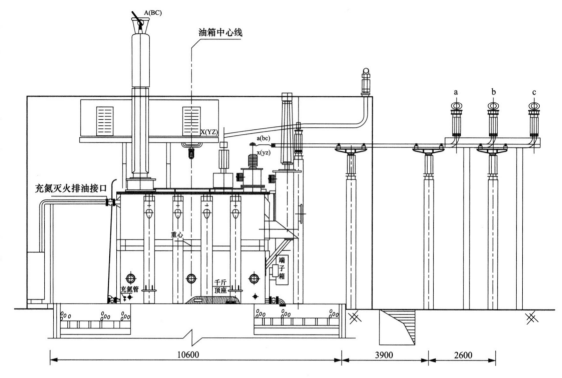

方案二：调整原设计方案，主变压器低压侧选用硬导体并配软导电带伸缩节连接主变压器套管。调整后变压器低压侧接线断面如图 1-3 所示。

图 1-3 调整后变压器低压侧接线断面示意图

5. 工作建议

为避免同类情况再次发生，在确认厂家图纸时，应考虑主变压器套管相间距是否能满足接线后相间距要求，并留有适当裕度。

【案例 2】变压器选型考虑不全面

技术监督阶段：工程设计。

1. 问题简述

某变电站前期已建成 1 台 150MVA 自耦变压器，拟扩建 1 台 180MVA 主变压器，设计方案未考虑周边电网实际情况，直接与前期主变压器选型保持一致，选用了三相自耦有载调压变压器。

2. 监督依据

由于该变电站供电区域存在在建及规划小型电源,特别是光伏电站、风电较多,自耦变压器公共绕组容易过载,评审确定选用三相普通三绕组有载调压变压器。

3. 问题分析

设计人员对两种变压器的适用场合、范围了解不够,或不了解该变电站区域电源发展情况,也未与供电公司进行充分沟通,仅考虑到自耦变压器体积小、损耗小、节省投资等优点,而没有关注周边区域电网的实际供电状况。在设计工作中,选择三相自耦有载调压变压器可以节省投资,因此设计人员往往会产生惯性思维,而忽视了电网实际,这已是可研论证接入系统方案设计工作中的常见问题。

4. 处理措施

扩建主变压器选用三相三绕组有载调压变压器。

5. 工作建议

在设计工作中,设计人员应摒弃惯性思维,结合电网实际,正确选用相关设备。

1.2 站用变压器

【案例3】站外引接电源的可靠性未论证

技术监督阶段：工程设计。

1. 问题简述

某 220kV 变电站新建工程，建设规模及主接线如下。

（1）主变压器：远景 3×240MVA 主变压器，本期 1×240MVA 主变压器；

（2）220kV 出线：远景 6 回出线，本期 3 回出线；

（3）110kV 出线：远景 14 回出线，本期 6 回出线；

（4）10kV 出线：远景 36 回出线，本期 12 回出线。

1 号站用变压器引接自该变电站 10kV 母线，2 号站用变压器引自站外电源，采用线路 T 接方式且无系统图、路径图，外引电源可靠性未经证实。

2. 监督依据

《国家电网有限公司关于印发十八项电网重大反事故措施（修订版）的通知》（国家电网设备〔2018〕979 号）第 5.2.1.3 条规定："110（66）kV 及以上电压等级变电站应至少配置两路站用电源。装有两台及以上主变压器的 330kV 及以上变电站和地下 220kV 变电站，应配置三路站用电源。站外电源应独立可靠，不应取自本站作为唯一供电电源的变电站。"

3. 问题分析

原设计方案中的站外电源可靠性未经证实，且引接方式为线路 T 接后直接接入站用变压器高压侧，接线方式可靠性差，无保护、计量装置。

4. 处理措施

针对一期只有 1 台主变压器的工程，站外电源推荐采用专线，以避免同回路其他负荷影响可靠性。若不具备专线引接的条件，应提供联络线系统图、路径图，充分论证供电可靠性。外接电源宜经过断路器、隔离开关、电流互感器等元件与站用变压器连接，保证接线方式可靠。

5. 工作建议

在工程设计阶段需对站外电源引接来源及引接方式详细论证，对专线方案路径过长的可进行经济技术比较，保证单主变压器工程的站用电可靠性。站外电源应独立可靠，不应取自本站作为唯一供电电源的变电站。

【案例4】站用变压器选型考虑不全面

技术监督阶段：工程设计。

1. 问题简述

某地下110kV变电站新建工程，本期所选35kV站用变压器为油浸式站用变压器。

2. 监督依据

《城市地下变电站设计技术规范》（Q/GDW 1783—2013）第6.5.3条规定："地下变电站的站用变压器应选择无油型设备。"

3. 问题分析

如果发生故障，油浸式站用变压器容易发生漏油及火灾事故，且现场需设置事故油池，相对于干式站用变压器，占用空间更大。综合相关规范要求及工程实际情况，地下变电站选用油浸式站用变压器不符合要求。

4. 处理措施

将油浸式站用变压器改为干式站用变压器。

5. 工作建议

在设计工作中，设计人员应综合考虑干式站用变压器和油浸式站用变压器的优缺点，根据相关规程规范、《国家电网有限公司关于印发十八项电网重大反事故措施（修订版）的通知》（国家电网设备〔2018〕979号）以及工程实际情况选择符合要求的站用变压器。

1.3　电流互感器

【案例 5】变压器差动保护各侧的电流互感器特性不一致

技术监督阶段：工程设计。

1. 问题简述

某 500kV 变电站新建工程，建设规模及主接线如下。

（1）主变压器：远景 4×1000MVA 主变压器，本期 1×1000MVA 主变压器；

（2）500kV 出线：远景 8 回出线，本期 4 回出线；

（3）220kV 出线：远景 16 出线，本期 8 回出线。

主变压器低压侧配套管电流互感器，参数为 5000/1A 5P25/5P25/5P25 0.2S/5P25/5P25 15VA/15VA/15VA 15VA/15VA/15VA。

2. 监督依据

《国家电网有限公司关于印发十八项电网重大反事故措施（修订版）的通知》（国家电网设备〔2018〕979 号）第 15.1.10 条规定："线路各侧或主设备差动保护各侧的电流互感器的相关特性宜一致，避免在遇到较大短路电流时因各侧电流互感器的暂态特性不一致导致保护不正确动作。"

3. 问题分析

原设计方案中的主变压器主保护为差动保护，高中压侧电流互感器在主变压器进线间隔内配置，差动保护用电流互感器为 TPY 级，而低压侧未配置相同特性电流互感器，影响了主变压器保护可靠性。

4. 处理措施

调整变压器低压套管电流互感器参数，使其差动保护各侧电流互感器均采用 TPY 级，保证特性一致。

5. 工作建议

在工程设计阶段，变电一次专业应与继电保护专业加强沟通合作，严格按照相关规程规范要求，充分重视电流互感器参数对保护可靠性的影响，保障保护装置可靠动作。

【案例6】电流互感器二次负荷额定容量选择不合理

技术监督阶段：工程设计。

1. 问题简述

某220kV变电站主变压器扩建工程，建设规模及主接线如下。

（1）主变压器：前期已建成1台180MVA主变压器，本期扩建1台180MVA主变压器；

（2）220kV出线：双母线单分段接线，本、终期出线4回；

（3）110kV出线：双母线接线，本期出线均为6回，终期出线8回；

（4）35kV出线：单母线分段接线，本期出线16回，终期出线24回。

原设计方案中，主变压器高压侧电流互感器设计二次容量为50VA，准确级为5P30，电流互感器实际配置电流互感器二次容量为30VA，准确级为5P30。

2. 监督依据

《电流互感器全过程技术监督精益化管理实施细则》（2. 工程设计阶段）第2.3.1条监督要点1："电流互感器的类型、容量、变比、二次绕组的数量、一次传感器数量（电子式互感器）和准确等级应满足继电保护、自动装置和测量表计的要求；电流互感器额定二次负荷应不小于实际二次负荷。"

《火力发电厂、变电站二次接线设计技术规程》（DL/T 5136—2012）中有："5.4.1.3 电流互感器实际二次负荷在稳态短路电流下的准确限值系数或励磁特性（含饱和拐点）应满足所接保护装置动作可靠性的要求。5.4.1.5 电流互感器的实际二次负荷不应超过电流互感器额定二次负荷。"

3. 问题分析

电流互感器二次绕组容量与体积有关，容量越大，电流互感器体积越大；但受柜体尺寸限制，会导致电流互感器无法在柜体内安装。电流互感器容量过小时，会降低电流互感器准确级。

4. 处理措施

在满足电气一次短路电流要求的前提下，建议调整电流互感器绕组二次容量为50VA、准确级为10P20。

5. 工作建议

电流互感器的容量主要是根据电流互感器使用的二次负荷大小来定，电流互感器的二次负荷主要与其二次接线的长度和负荷有关，线路较长则要求容量较大，线路较短容量可适当选小，容量偏大或偏小都会影响测量精度。在选择电流互感器容量选型时，应兼顾考虑准确级、安装尺寸等要求，选择电流互感器二次容量大小接近实际的二次负荷，提高电流互感器精度。

1.4 电压互感器

【案例 7】220kV 变电站两套合并单元电压取自电压互感器同一二次绕组

技术监督阶段：工程设计。

1. 问题简述

某 220kV 变电站主变压器扩建工程，建设规模及主接线如下。

（1）主变压器：前期已建成 1 台 180MVA 主变压器，本期扩建 1 台 180MVA 主变压器；

（2）220kV 出线：双母线单分段接线，本、终期出线 4 回；

（3）110kV 出线：双母线接线，本期出线均为 6 回，终期出线 8 回；

（4）35kV 出线：单母线分段接线，本期出线 16 回，终期出线 24 回。

220kV 线路智能控制柜内的两套合并单元应接入线路电压互感器的两个独立绕组，原设计中线路电压互感器仅有一组二次绕组。

2. 监督依据

《电压互感器全过程技术监督精益化管理实施细则》第 2.3.2 条监督要点 1："双重化配置的两套保护装置的交流电压宜分别取自电压互感器互相独立的绕组；电子式互感器内应由两路独立的采样系统进行采集，每路采样系统应采用双 A/D 系统，两个采样系统应由不同的电源供电。"

《国家电网有限公司关于印发十八项电网重大反事故措施（修订版）的通知》（国家电网设备〔2018〕979 号）第 15.2.1.1 条规定："两套保护装置的交流电流应分别取自电流互感器互相独立的绕组；交流电压宜分别取自电压互感器互相独立的绕组。其保护范围应交叉重叠，避免死区。"

《火力发电厂、变电站二次接线设计技术规程》（DL/T 5136—2012）中有："5.4.12 双重化保护的电压回路宜分别接入不同的电压互感器或不同的二次绕组；双断路器接线按近后备原则配备的两套主保护，应分别接入电压互感器的不同二次绕组；对双母线接线按近后备原则配备的两套主保护，可以合用电压互感器的同一二次绕组。"

3. 问题分析

按照原设计方案，因线路电压互感器仅有一组二次绕组，220kV 线路智能控制柜内的两套合并单元接入同一绕组。220kV 线路配置双重化保护，两套合并单元分别对应一组保护装置，两套保护范围交叉重叠，避免死区。若两套合并单元接入同一绕组，无法准确实现双重化保护功能。

4. 处理措施

对原设计中电压互感器仅有一组二次绕组，应及时修改设计图纸，加强沟通，积极完成设备改造。

5. 工作建议

在工程设计阶段，变电二次专业设计人员应严格按照相关规程规范要求，根据合并单元等设备对电压互感器绕组数量、准确级、容量等的要求确认图纸，发现问题后及时修改图纸，加强沟通，及时完成改造。

【案例 8】电压互感器选型不合理

技术监督阶段：工程设计。

1. 问题简述

某 110kV 变电站新建工程，110kV 配电装置采用 GIS 布置，110kV 线路侧电压互感器内置于 GIS，选用了电容式电压互感器。该 110kV 变电站新建工程系统接线（局部）如图 1-4 所示。

2. 监督依据

《导体和电器选择设计技术规定》（DL/T 5222—2005）第 16.0.3 条规定："SF$_6$ 全封闭组合电器的电压互感器宜采用电磁式。"

3. 问题分析

对于 SF$_6$ 全封闭组合电器的电压互感器，由于制造技术的原因目前只能生产电磁式电压互感器。虽然国外某些公司正在研制电容式 SF$_6$ 全封闭组合电器的电压互感器，但造价太高，不适合工程中采用。因此，宜采用电磁式电压互感器。

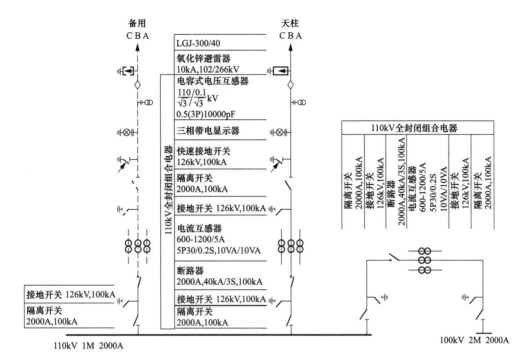

图 1-4　某 110kV 变电站新建工程系统接线（局部）示意图

4. 处理措施

根据相关规范要求，110kV 出线线路侧电压互感器应选用电磁式电压互感器。

5. 工作建议

设计人员应考虑工程设备实际情况，综合考虑设备造价、适用性等因素，正确选择相关设备。

1.5　消弧线圈

【案例9】不接地系统电容电流大于规定值未设置消弧线圈

技术监督阶段：规划可研。

1. 问题简述

某变电站电压等级为220kV/110kV/10kV，建设规模：远期180MVA主变压器3台，10kV出线24回；本期180MVA主变压器1台，10kV出线8回。

未经计算，直接确定"220kV和110kV中性点经隔离开关接地，10kV侧中性点不接地"。

2. 监督依据

《消弧线圈全过程技术监督精益化管理实施细则》第1.1.2条监督要点："6～66kV系统当单相接地故障电容电流超过10A又需在接地故障条件下运行时，应采用消弧线圈进行补偿，按照标准要求加装具有自动调谐功能消弧线圈装置。"

《交流电气装置的过电压保护和绝缘配合设计规范》（GB/T 50064—2014）第3.1.3条第1款规定："不直接连接发电机、由电缆线路构成的6～20kV系统，当单相接地故障电容电流不大于10A时，可采用中性点不接地方式；当大于10A又需在接地故障条件下运行时，宜采用中性点谐振接地方式。"

3. 问题分析

中性点接地方式涉及电网的安全可靠运行，并直接影响设备绝缘水平、过电压水平的选择。当接地电流超过允许值而又没有采取措施，接地电弧不能保证瞬间熄灭，容易产生弧光间歇接地过电压。故而，接地方式的合理选择能有效保障整个供电区域内的供电可靠性。

4. 处理措施

（1）提供详尽的计算书。本期10kV出线8回，每回主干线架空出线（JKLYJ-240）长度约5km，该变电站侧电缆出线（YJV22-3×300）长度约0.45km；对侧电缆出线（YJV22-

3×150）长度约 0.6km。架空（JKLYJ-240）线路总长 40km，电缆（YJV22-3×300）线路总长 3.6km，电缆（YJV22-3×150）线路总长 4.8km。经计算，I_c=19.636A ＞ 10A，故变电站 10kV 侧宜经消弧线圈接地。

（2）调研该变电站所处区域 10kV 侧接地方式为经消弧线圈接地。

综上，10kV 侧接地方式由不接地调整为经消弧线圈接地，本期加装消弧线圈装置。

5. 工作建议

在工程设计时，严防未经计算而直接确定中性点接地方式；需结合工程实际，以低压侧架空、电缆出线长度作为计算依据提供详尽的计算书，为合理确定中性点接地方式提供有力支撑。

在扩建工程时，也应结合站内实测电容电流值考虑本期消弧线圈配置方案，校验各种运行方式条件下前期消弧线圈补偿容量是否满足本期需要，避免发生过补偿或欠补偿运行情况。

【案例 10】中性点接地方式选择不合理

技术监督阶段：规划可研。

1. 问题简述

某地区部分电网 35kV 电缆总长度达到 517km，平均长度 2.8km；平均每座 220kV 变电站供电区内电缆长度为 57km，供电区内电缆电容电流约 430A，平均每台主变压器 35kV 系统电缆电容电流达到 140A。

该地区新建变电站工程，35kV 中性点仍采用经消弧线圈接地方式。

2. 监督依据

《交流电气装置的过电压和绝缘配合设计规范》（GB/T 50064—2014）第 3.1.4 条规定："6kV ～ 35kV 主要由电缆线路构成的配电系统、发电厂厂用电系统、风力发电场集电线路系统和除矿井的工业企业供电系统，当单相接地故障电容电流较大时，可采用中性点低电阻接地方式。变压器中性点电阻器的电阻，在满足单相接地继电保护可靠性和过电压绝缘配合的前提下宜选较大值。"该条文说明指出："6kV ～ 35kV 系统单相接地故障立即跳闸，电气设备、电缆可采用较低的绝缘水平。配电网中除绝大多数电缆线路外还有少量架空线路且单相接地故障电容电流过大时也适用于本条。"

3. 问题分析

中性点接地方式涉及电网的安全可靠运行，并直接影响设备绝缘水平、过电压水平的

15

选择。该地区电网 35kV 系统主要由电缆线路构成，故障多为永久性故障，带故障运行 2h 意义不大，且对电缆绝缘性能恐造成损害。建议该地区电网接地方式采用中性点小电阻接地方式。

4. 处理措施

（1）提供详尽的计算书。根据《导体和电器选择设计技术规定》（DL/T 5222—2005）第 18.2.6 条规定，当中性点采用低电阻接地方式时，接地电阻值选择计算如下：

$$R_N = \frac{U_N}{\sqrt{3}I_d}$$

式中　R_N——中性点接地电阻值，Ω；

$\quad\quad U_N$——系统线电压，V；

$\quad\quad I_d$——选定的单相接地电流，A。

中性点接地电阻值需根据电网的具体情况选取，应综合考虑限制弧光过电压水平、继电保护灵敏度、对通信的影响等因素。根据《电力公用设备系统中性点接地应用指南　第 3 部分：发电机辅助系统》（IEEE C62.92.3—2012），小电阻接地系统单相接地故障电流宜取 200 ~ 2000A；35kV 接地电阻额定发热电流推荐值 1000、1300A。

（2）需对所处区域 35kV 侧接地方式统一调整，由经消弧线圈接地改造为低电阻接地方式，保障整个供电区域内的供电可靠性。

5. 工作建议

在工程设计时，严防未经计算而直接确定中性点接地方式；需结合工程实际，以低压侧架空、电缆出线长度截面积作为计算依据提供详尽的计算书，为合理确定中性点接地方式提供有力依据。

1.6　电抗器

【案例 11】全电缆线路未考虑感性无功补偿

技术监督阶段：规划可研。

1. 问题简述

某变电站电压等级为 110kV/10kV，建设规模：远期 63MVA 主变压器 3 台，110kV 电缆出线 2 回，10kV 电缆出线 42 回；本期 63MVA 主变压器 2 台，110kV 电缆出线 2 回，10kV 电缆出线 28 回。

未经计算，直接确定无功补偿装置：远期 3×(4.8+4.8)Mvar 电容器，本期 2×(4.8+4.8)Mvar 电容器。

2. 监督依据

《35kV～220kV 变电站无功补偿装置设计技术规定》（DL/T 5242—2010）中有："5.0.2 变电站内装设的感性和容性无功补偿设备的容量和型式，应根据电力系统近、远调相调压、电力系统稳定、电能质量标准的需求选择，同时考虑敏感和波动负荷对电能质量的影响。5.0.4 变电站内用于补偿输电线充电功率的并联电抗器一般装在主变压器低压侧，需要时也可以装在高压侧。"

3. 问题分析

对于大量采用 10～220kV 电缆线路的城市电网，在新建 110kV 及以上电压等级的变电站时，应根据电缆进、出线情况在相关变电站分散配置适当容量的感性无功补偿装置。

4. 处理措施

结合该片区经济发展及负荷增长的实际情况，10～110kV 线路采用全电缆线路，该区域电网无功及电压水平较高，且 10kV 系统已按配电变压器容量的 30% 配置容性无功补偿装置并全部投入运行，进一步减少了 110kV 变电站对容性无功容量的需求。根据对电缆线路充电功率的计算分析，该变电站 10kV 侧安装电抗器补充感性无功并核减容性无功补偿容量，感性无功配置：远期 2×6Mvar 电抗器，本期 2×6Mvar 电抗器；容性无功配置：远期 3×4.8Mvar 电容器，本期 2×4.8Mvar 电容器。

5. 工作建议

在工程设计时，对于无功补偿设备的选择，应进行严密的设计计算方可确定，不可凭经验确定或生搬硬套相似工程。

【案例 12】电抗器底座形成闭合回路

技术监督阶段：工程设计。

1. 问题简述

某 110kV 变电站本期新上两组 10kV 电抗器，设计人员在电抗器接地设计过程中，未核实相关规程规范，导致电抗器底座接地线形成了闭合回路。

2. 监督依据

《电气装置安装工程　接地装置施工及验收规范》（GB 50169—2016）中规定：电抗器底座接地应符合要求，支柱绝缘子的接地线不应构成闭合回路。

3. 问题分析

设计人员在设计时，电抗器底座接地没有设置断开点而形成了闭合回路，长期运行会使接地体发热，造成设备运行中的安全隐患。

4. 处理措施

设计人员在相关图纸中应明确电抗器底座接地的具体要求，要设置明显的断开点，避免形成环流。

5. 工作建议

在做电抗器底座接地设计时，设计人员要严格按照相关接地装置验收规程规范，避免形成环流，从而造成设备运行中的安全隐患。

【案例 13】电抗器选型不合理

技术监督阶段：工程设计。

1. 问题简述

某 110kV 变电站新建工程，10kV 电容器组户内布置，采用户内框架式电容器成套装置，设计人员对电容器组串联电抗器选型时选用的是干式空心串联电抗器。该 110kV 变电站新建工程系统接线（局部）如图 1–5 所示。

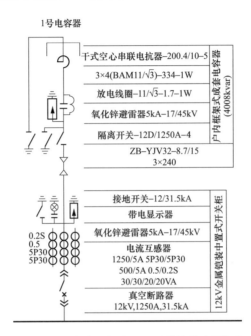

图 1–5　某 110kV 变电站新建工程系统接线（局部）示意图

2. 监督依据

《国家电网有限公司关于印发十八项电网重大反事故措施（修订版）的通知》（国家电网设备〔2018〕979 号）第 10.3.1.2 条规定："35kV 及以下户内串联电抗器应选用干式铁心或油浸式电抗器。户外串联电抗器应优先选用干式空心电抗器，当户外现场安装环境受限而无法采用干式空心电抗器时，应选用油浸式电抗器。"

3. 问题分析

该工程设计人员选用了户内干式空心电抗器，而干式空心电抗器的漏磁很大，如果安装在户内，将导致周边屋顶发热问题较多，还会对建筑物内的通信、继电保护设备产生很大的电磁干扰。因此户内串联电抗器不应采用干式空心电抗器，建议配置干式铁心电抗器。

4. 处理措施

电容器组配置干式铁心串联电抗器。

5. 工作建议

在工程设计阶段，设计人员给户内串联电抗器选型时，应结合相关规范及《国家电网有限公司关于印发十八项电网重大反事故措施（修订版）的通知》（国家电网设备〔2018〕979 号）要求，综合考虑空心电抗器产生漏磁所带来的影响，应选用干式铁心电抗器；当干式铁心电抗器选型无法满足户内大容量、高电压（66kV 及以上）电容器组配置要求时，可选用油浸式电抗器。

2 开关类设备

2.1 组合电器

【案例 14】GIS 安装方式选择不合理

技术监督阶段：规划可研。

1. 问题简述

某 220kV 智能变电站，本期建设 2 台 240MVA 三相三绕组自冷有载调压变压器，远景建设规模为 3×240MVA。出线建设规模：220kV 出线远景 8 回，本期 4 回；110kV 出线远景 14 回，本期 6 回；35kV 侧远景出线 12 回，本期 6 回。

该变电站站址位于正在规划建设的某煤化工产业园，依据该省最新的电网污区分布图，处于 e 级污秽区。原设计方案未考虑污区因素，直接套用国家电网有限公司通用设计方案中的户外 GIS 布置型式，220、110kV 配电装置均采用户外 GIS（全封闭组合电器）安装方式。

2. 监督依据

《组合电器全过程技术监督精益化管理实施细则》第 1.1.2 条监督要点 1："用于低温（最低温度为 −30℃ 及以下）、日温差超过 25K、重污秽 e 级或沿海 d 级地区、城市中心区、周边有重污染源（如钢厂、化工厂、水泥厂等）的 363kV 及以下 GIS，应采用户内安装方式。"

《国家电网有限公司关于印发十八项电网重大反事故措施（修订版）的通知》（国家电

网设备〔2018〕979号）第12.2.1.1条规定："用于低温（年最低温度为 −30℃及以下）、日温差超过25K、重污秽e级或沿海d级地区、城市中心区、周边有重污染源（如钢厂、化工厂、水泥厂等）的363kV及以下GIS，应采用户内安装方式，500kV及以上GIS经充分论证后确定布置方式。"

3. 问题分析

该变电站周边有重污染源（化工厂），当GIS采用户外安装，设备侵蚀加重，设备使用寿命变短。相关资料表明，户外运行的GIS使用寿命相比户内GIS短25%左右。恶劣外部环境中设备故障概率增加，既不利于电网和设备的安全运行，又导致设备运维成本增加。同时，站址所处煤化工产业园区土地资源紧缺，原方案征地面积为12362m^2，征地成本较高。

采用GIS户内安装方式，能有效避免设备侵蚀，减小设备故障概率，提高设备安全运行能力。同时，全站征地面积降低为10300m^2，降低征地成本，节约土地资源。

4. 处理措施

将GIS设备由户外安装方式改为户内安装方式，合理选择通用设计方案，调整变电站电气总平面布置。

5. 工作建议

建设单位和设计单位在站址论证阶段应充分重视污区对变电站建设方案的重大影响，注意分析站址周边环境，提高对重污染源设施的敏感性，避免出现污区问题导致设计方案重大变更，影响项目进度。

2.2 断路器

【案例 15】主供线路同母线

技术监督阶段：规划可研。

1. 问题简述

某变电站接入系统方案如下：将双庆变电站—符离风电场 110kV 线路开"π"接入该变电站，并新建双庆变电站—褚庄变电站第 2 回线路，形成本期 3 回 110kV 线路（双庆变电站 2 回、风电场 1 回）。褚庄变电站建设规模：本期 1×50MVA 主变压器，终期 3×50MVA 主变压器；110kV 侧本、终期均采用单母线分段接线，设计方案将主供线路双庆变电站 2 回出线均接入同一段母线。技术监督前褚庄变电站 110kV 电气主接线如图 2-1 所示。

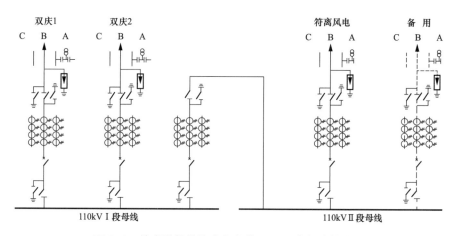

图 2-1　技术监督前褚庄变电站 110kV 电气主接线图

2. 监督依据

《断路器全过程技术监督精益化管理实施细则》第 1.1.2 条监督要点 3："户外 AIS 变电站 110kV 电气主接线宜简化为以主变压器为单元的单母线分段接线，同名回路应布置在不同母线上，宜结合系统转供能力，优化母线侧隔离开关的配置。110kV 分段间隔断路器两侧宜装设隔离开关。"

《国家电网公司关于印发〈2014年新一代智能变电站扩大示范工程技术要求〉的通知》（国家电网智能〔2014〕867号）第5.1.2.2条规定："户外AIS变电站110kV电气主接线为单母线（分段）接线时，同名回路应布置在不同母线上，宜结合系统转供能力，优化母线侧隔离开关的配置。110kV分段间隔断路器两侧宜装设隔离开关。"

3. 问题分析

双庆变电站2回110kV线路为褚庄变电站主供线路，风电场出线仅通过该变电站接入电网。设计人员将双庆变电站2回出线均接入同一段母线，当远景扩建的主变压器位于110kV Ⅱ段母线时（本期1号主变压器接于Ⅰ段母线，没有影响），若Ⅰ段母线发生故障或检修，则褚庄变电站失去主供电源，可能造成风电场与该变电站孤网运行，更严重可能导致全站甩负荷，单母线分段接线的作用得不到发挥。

4. 处理措施

设计单位调整电气主接线，将双庆变电站2回出线分别接入褚庄变电站的两段110kV母线。技术监督后褚庄变电站110kV电气主接线如图2-2所示。

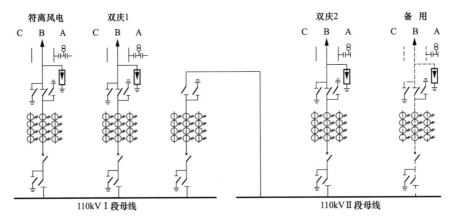

图2-2　技术监督后褚庄变电站110kV电气主接线图

5. 工作建议

在规划可研阶段，应该重视接线方式对后续电网运行的影响，避免将同名回路布置在同一段母线，给变电站安全稳定运行带来大的隐患和不利影响。

2.3 隔离开关

【案例 16】同塔双回长线路两侧线路侧接地开关选型有误

技术监督阶段：工程设计。

1. 问题简述

某新建 220kV 输变电工程，220kV 变电站建设规模及主接线如下。

（1）主变压器：远景 $3 \times 180MVA$，本期 $1 \times 180MVA$。

（2）220kV 出线：本期 4 回出线，终期 8 回出线；110kV 出线：本期 6 回，终期 12 回。

（3）电气主接线：220kV 本期双母线接线，终期双母线单分段接线，户外 AIS 设备；110kV 本、终期均为双母线接线，户外 AIS 设备。

本期 220kV 出线中有 2 回采用同塔双回架设，线路路径长度约为 27.3km，线路极限输送容量为 650MW。原设计方案中未计算该双回线路感应电流和感应电压大小，在站内按常规配置 A 类接地开关；同时，未校核对侧间隔前期接地开关选型是否满足开断感应电流的要求。

2. 监督依据

《隔离开关全过程技术监督精益化管理实施细则》第 1.1.1 条监督要点 8："接地开关开合感应电流应满足要求。"

《高压交流隔离开关和接地开关》（GB 1985—2014）第 8.102.6 条规定："72.5kV 及以上接地开关感应电流开合能力的选择：在高电压线路杆塔布置中，有时采用同一线路杆塔上架设多于一个系统的布置。在此情况下，当线路一侧接地或不接地，另一线路与系统连接并可能承载负载电流时，接地开关必须开合感应电流。接地开关开合的感应电流的大小取决于线路之间的容性、感性耦合因数以及平行系统的电压、负载和长度。"

《高压交流隔离开关和接地开关》（GB 1985—2014）表 C.1 中规定的接地开关的额定感应电流和电压的标准值（节选）见表 2–1。

表 2-1 接地开关的额定感应电流和电压的标准值

额定电压 U_r（kV）	电磁耦合				静电耦合			
	额定感应电流（有效值）（A）		额定感应电压（有效值）（kV）		额定感应电流（有效值）（A）		额定感应电压（有效值）（kV）	
	类别		类别		类别		类别	
	A	B	A	B	A	B	A	B
252	80	160	1.4	15	1.25	10	5	15

注 A 类接地开关：用于耦合弱或比较短的平行线路。B 类接地开关：用于耦合强或比较长的平行线路。

3. 问题分析

在两条或多条共塔或邻近运行布置的架空输电线中，当某一回或几回线路停电检修后，由于检修线路与相邻带电线路间较强的静电感应及电磁感应作用，将在停运线路上产生较大的感应电压（电磁感应和静电感应）和感应电流（电磁感应和静电感应），会对正在检修的工作人员的安全造成危害。线路侧接地开关应具备关合感应电流的能力，工程设计阶段需计算校核并且合理选型。

4. 处理措施

该变电站两回 220kV 出线同塔双回路架设，假设线路 2 退出运行时，线路 1 潮流按 650MW 计算，应用电磁暂态计算程序，线路 1 的静电感应、电磁感应计算结果见表 2-2，电磁感应电流和静电感应电压均超过 A 类接地开关的额定值，因此该变电站 2 回 220kV 同塔双回出线间隔需配 B 类接地开关，并将对侧间隔接地开关更换为 B 类接地开关，该工程增加相应的间隔改造子项。

表 2-2 线路 1 电磁耦合与静电耦合情况（线路 2 退出运行）

潮流（MW）	相别	电磁耦合		静电耦合	
		感应电压（有效值）（kV）	感应电流（有效值）（A）	感应电压（有效值）（kV）	感应电流（有效值）（A）
650	A	1.45	121	6.36	0.92
650	B	0.163	2.83	2.05	0.16
	C	1.52	121.2	10.61	1.27

5. 工作建议

在目前的电网建设中，为了节约线路走廊资源、增加单位输送量、降低建设投资，输电线路多数采用同塔双回、多回架设，特别是线路路径较长时，当其中一回线路检修、其他线路正常运行时，检修线路可能出现较大的感应电流和感应电压，对线路侧接地开关开断感应电流的能力要求较高。在规划设计阶段应该注意计算校核，避免后期运行阶段出现设备参数无法满足要求，影响电网和人身安全。

【案例 17】隔离开关电气闭锁回路未使用隔离开关的辅助触点

技术监督阶段：工程设计。

1. 问题简述

某 110kV 变电站新建工程，建设规模及主接线如下：
（1）主变压器：远景 3×50MVA 主变压器，本期 2×50MVA 主变压器。
（2）110kV 出线：本、终期均为 2 回出线。
（3）电气主接线：110kV 本、终期均为扩大内桥接线，户内 GIS 设备。
原设计方案中 110kV 线路 GIS 汇控柜内隔离开关辅助触点数量较少，电气闭锁回路采用重动继电器，未使用隔离开关的辅助触点。

2. 监督依据

《隔离开关全过程技术监督精益化管理实施细则》第 2.1.21 条监督要点 4："断路器、隔离开关和接地开关电气闭锁回路，应直接使用断路器、隔离开关和接地开关的辅助触点，严禁使用重动继电器。"

《国家电网有限公司关于印发十八项电网重大反事故措施（修订版）的通知》（国家电网设备〔2018〕979 号）第 4.2.7 条规定："断路器或隔离开关电气闭锁回路不能用重动继电器，应直接用断路器或隔离开关的辅助触点。"

3. 问题分析

重动继电器是靠触点扩展的继电器，闭锁装置要靠本身装置所带的无源触点实现的闭锁才可靠，采用重动继电器所实现的闭锁可靠性降低。隔离开关电气闭锁回路不能用重动继电器，应直接用隔离开关的辅助触点。

4. 处理措施

及时和设备厂家沟通，保证隔离开关辅助触点数量满足工程要求；调整电气闭锁回路直接用隔离开关的辅助触点，不采用重动继电器。

5. 工作建议

在工程设计阶段，应严格按照相关规程规范、《国家电网有限公司关于印发十八项电网重大反事故措施（修订版）的通知》（国家电网设备〔2018〕979 号）、监督审查要点等实施，及时和设备厂家沟通，保证隔离开关辅助触点数量满足工程要求，且在设计电气闭锁回路时不能用重动继电器，应直接用隔离开关的辅助触点。

2.4　开关柜

【案例 18】10kV 母线避雷器与母线直接连接

技术监督阶段：工程设计。

1. 问题简述

某新建 110kV 输变电工程，新建 110kV 变电站建设规模及主接线如下。

（1）主变压器：终期 3×50MVA 主变压器，本期 2×50MVA 主变压器。

（2）110kV 出线：本期 2 回出线，终期 4 回出线。

（3）35kV 出线：本期 6 回出线，终期 9 回出线；10kV 出线：本期 16 回出线，终期 24 回出线。

（4）电气主接线：110kV 本、终期均为单母线分段接线，户外 AIS 设备；35kV 本期单母线分段接线，终期单母线三分段接线，户内金属铠装移式开关柜；10kV 本期单母线分段接线，终期单母线三分段接线，户内金属铠装中置式开关柜。

10kV 母设（母线设备）柜内的母线避雷器未经隔离手车而与母线直接连接。

2. 监督依据

《开关柜全过程技术监督精益化管理实施细则》第 2.1.1 条监督要点 1："开关柜避雷器、电压互感器等柜内设备应经隔离开关（或隔离手车）与母线相连，严禁与母线直接连接。"

《国家电网有限公司关于印发十八项电网重大反事故措施（修订版）的通知》（国家电网设备〔2018〕979 号）第 12.4.1.6 条规定："开关柜内避雷器、电压互感器等设备应经隔离开关（或隔离手车）与母线相连，严禁与母线直接连接。"

3. 问题分析

如果开关柜内避雷器与母线直连，当母线电压互感器检修试验时，拉出母线电压互感器隔离手车后，避雷器仍然接于母线上，检修人员容易误认为间隔不带电而造成人身安全事故；此外，还存在检修、试验避雷器时需停 10kV 母线的弊端。

4. 处理措施

修改开关柜接线，将母线避雷器经隔离手车接入 10kV 母线。

5. 工作建议

在工程设计阶段，必须强化预防人身事故要求的认识，吸取相关经验教训，严格执行相关规程、规定，严格执行工程建设强制性条文内容，严格把控设计成品方案细节，在工程设计阶段不留安全隐患。

【案例 19】10kV 主变压器进线柜内配置避雷器

技术监督阶段：规划可研。

1. 问题简述

某新建 110kV 输变电工程，新建 110kV 变电站建设规模及主接线如下：
（1）主变压器：终期 3×50MVA 主变压器，本期 2×50MVA 主变压器。
（2）110kV 出线：本期 2 回出线，终期 4 回出线。
（3）35kV 出线：本期 6 回出线，终期 6 回出线。
（4）10kV 出线：本期 16 回出线，终期 24 回出线。
本期在主变压器 10kV 侧、10kV 主变压器进线柜内同时配置了避雷器，新建 110kV 变电站电气接线（局部）如图 2-3 所示。

2. 监督依据

《国家电网有限公司关于印发十八项电网重大反事故措施（修订版）的通知》（国家电网设备〔2018〕979 号）第 12.4.1.18 条规定："空气绝缘开关柜应选用硅橡胶外套氧化锌避雷器。主变压器中、低压侧进线避雷器不宜布置在进线开关柜内。"

3. 问题分析

该变电站主变压器 10kV 侧已配置避雷器，经计算，10kV 主变压器进线柜在主变压器 10kV 侧避雷器保护范围内。为避免避雷器故障造成开关柜损坏，主变压器中、低压侧进线避雷器不宜布置在进线开关柜内，而应安装在主变压器母线桥处。

4. 处理措施

本期在主变压器 10kV 侧配置避雷器即可，不需在 10kV 主变压器进线柜内配置避雷器。

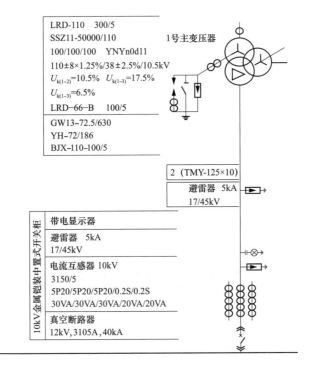

LRD-110   300/5
SSZ11-50000/110
100/100/100 YNYn0d11
110±8×1.25%/38±2.5%/10.5kV
$U_{k(1-2)}$=10.5% $U_{k(1-3)}$=17.5%
$U_{k(1-3)}$=6.5%
LRD-66-B   100/5
GW13-72.5/630
YH-72/186
BJX-110-100/5

1号主变压器

2 (TMY-125×10)

避雷器 5kA
17/45kV

10kV金属铠装中置式开关柜

带电显示器

避雷器 5kA
17/45kV

电流互感器 10kV
3150/5
5P20/5P20/5P20/0.2S/0.2S
30VA/30VA/30VA/20VA/20VA

真空断路器
12kV,3105A,40kA

图 2-3   某新建 110kV 变电站电气接线（局部）示意图

5. 工作建议

在规划可研阶段，设计人员应根据相关规范及《国家电网有限公司关于印发十八项电网重大反事故措施（修订版）的通知》（国家电网设备〔2018〕979号）要求，合理配置避雷器，避免出现错配、多配等情况。

3

补偿装置及电能质量

3.1 SVC 和 SVG

【案例 20】谐波及谐振校验不满足要求

技术监督阶段：工程设计。

1. 问题简述

某 66kV 变电站新建工程，建设规模及主接线如下：

（1）主变压器：本、终期均为 2×50MVA 主变压器。

（2）66kV 出线：本、终期均为 2 回出线；10kV 出线：本、终期出线均为 24 回。

（3）电气主接线：66kV 本、终期采用线路—变压器组接线，10kV 本、终期采用单母线分段接线。

（4）无功补偿：每台主变压器 10kV 侧安装 2 组 4Mvar 的框架式电容器。

电容器选型时未考虑到负荷特性的影响，对于冲击性和谐波含量大的负荷，采用常规的框架式电容器无法满足电压波动和电能质量的要求。

2. 监督依据

《SVC、SVG 全过程技术监督精益化管理实施细则》第 2 条监督要点 5："应评估在 SVC、SVG 考核点和（或）公共连接点处的谐波水平，包含以下内容：

1. 在规定的系统运行条件下（包括最大和最小系统电压水平）无功补偿装置的最大和最小无功功率输出。

2. 在系统电压不平衡和 SVC 触发角不平衡的情况下产生的非特征谐波。

3. 可能产生的谐振过电压（SVC）。

4. 校核滤波器元件的安全裕度（SVC）。"

《高压静止无功补偿装置 第 1 部分：系统设计》（DL/T 1010.1—2006）第 8.3.3.1 条规定："校核滤波器元件的安全裕度。"

3. 问题分析

该 66kV 变电站建成后主要为一钢铁企业园供电，经调研园区内负荷特性为冲击性负荷，并含有大量污染谐波，存在对主设备冲击较大、计量不准确等风险。由于是新建设企业园区，设备未完全运行，缺少企业谐波源污染的实测数据，企业设备谐波含量资料收集困难，企业对电网的谐波污染情况不明确。考虑能同时应对冲击性负荷及治理谐波污染，无功补偿考虑采用 SVG 设备，针对 SVG 处理谐波能力不足的情况，增加滤波电抗器（FC）。

4. 处理措施

设计阶段进一步收资企业设备资料，对冲击性负荷、谐波综合污染情况进行详细计算。最终确定采用静态无功补偿装置代替常规框架式电容器，并对 3、5 次等谐波污染进行治理。经与 SVG 厂家进行沟通后明确，单纯 SVG 设备不能完全满足该站滤波及谐波治理的需要，建议采用 SVG+FC 方式同时实现应对冲击性负荷、谐波治理功能。调整后的 10kV 无功补偿装置主接线如图 3-1 所示。

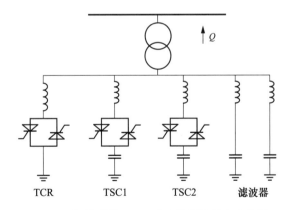

图 3-1 调整后的 10kV 无功补偿装置主接线图

5. 工作建议

电网企业建设的一般公共变电站，负荷特性比较常规，不需要考虑冲击性负荷、谐波因素对电网的影响，采用常规的电容器组就能满足功率因数等需要。在确定变电站无功补偿型式时，一定要明确变电站是一般公共变电站还是给特定负荷供电的变电站。如果给特定负荷供电，需要调研负荷特性。当存在冲击性、谐波污染等情况时，常规的框架式电容器无法应对剧烈的电压波动，需要考虑采用 SVC、SVG 等静态无功补偿装置；如果 SVC、SVG 谐波治理能力不足，还要考虑增加能过滤 3、5、7 次等不同频率谐波的滤波电抗器。

3.2 串联补偿及可控串联补偿

【案例 21】系统过电压研究不足

技术监督阶段：规划可研。

1. 问题简述

新建串联补偿（串补）工程，在选择 MOV 时，可研报告中没有详细论述选择过程与依据，只单纯根据经验选择了常规容量金属氧化物压敏电阻（metal oxide varistor, MOV），无法保证电气装置的过电压保护设计做到安全可靠。

2. 监督依据

《串补及可控串补全过程技术监督精益化管理实施细则》第 1 条监督要点 2："系统过电压研究应包括下列内容：

1. 系统最大工频过电压水平。
2. 系统最大操作过电压水平。
3. 系统最大潜供电流水平。
4. 线路两端断路器的暂态恢复电压水平。
5. 对串补线路高压电抗器及中性点小电抗的绝缘校核。
6. MOV 容量要求。
7. 可能存在的次同步谐振风险及其防范措施。"

3. 问题分析

该新建串补工程在规划可研阶段进行了过电压计算，没有对 MOV 容量选择进行论述，只是依据设计常规做法，选择了相关 MOV。

4. 处理措施

要求设计院重新进行系统计算，在设计报告中详细补充过电压计算结果，根据计算结果指导 MOV 容量选择，而不是按习惯选择 MOV 容量。

5. 工作建议

对于串补和可控串补工程，要加强规划可研阶段对过电压的研究，过电压研究要全面，满足提供设备参数选择的要求。

【案例 22】串补位置选择不合理

技术监督阶段：规划可研。

1. 问题简述

某新建串补工程，可研报告中没有对装置安装位置进行论述，简单将装置安装于线路的一端，不满足系统潮流、短路电流控制要求，易造成电容器损坏、断路器开断困难等。

2. 监督依据

《串补及可控串补全过程技术监督精益化管理实施细则》第 2 条监督要点 1："串补装置安装在线路首末端时应综合论述串补装置和线路高压电抗器的相对位置。"

《串补站初步设计文件内容深度规定》（DL/T 5502—2015）第 3.2.12 条规定："对于装有线路高压电抗器的工程，还应论述串补站和线路高压电抗器的相对位置关系。"

3. 问题分析

在可研阶段，没有对串补装置安装位置进行论证，没有比较串补安装于线路两端和线路中间时系统的过电压水平及短路时设备通过的短路电流水平，而是简单地安装于线路的一端。经后续计算，该工程当串补安装于线路两端时，电容器短路时，短路电抗的大部分被容抗抵消，电容器会流过很大的短路电流，极易造成电容器损坏、断路器开断困难等事故。

4. 处理措施

设计院重新进行计算，将装置分别置于线路中间和首末端等进行比较。经计算，确定安装线路中间时，系统的潮流、短路电流、过电压值更理想，最终明确在线路中间位置加装串补。

5. 工作建议

对于串补和可控串补工程，要加强对装置位置的计算。从系统潮流、过电压、短路电流的角度进行详细的计算，设计报告中要有详细的选择论证，根据论证结果确定具体安装位置。

3.3 电能质量

【案例 23】非线性负荷用户接入未配置电能质量监测装置

技术监督阶段：规划可研。

1. 问题简述

某 220kV 开关站新建工程，建设规模及主接线如下：

（1）主变压器：暂未安装主变压器，远期 2×180MVA 主变压器 2 台。

（2）220kV 出线：本期 6 回出线，终期 8 回出线，10kV 出线；66kV 出线：本期暂无出线。

（3）电气主接线：220kV 出线采用双母线接线。

设计原方案：220kV 开关站，为 2 个 220kV 铁路牵引站供电，提供 4 回 220kV 出线。

存在问题：没有按要求让铁路部门提供电能质量"预测评估报告 / 评估报告的评审意见"，对后续技术方案的确定造成不确定影响，影响过程技术方案和造价投资。

2. 监督依据

《电能质量全过程技术监督精益化管理实施细则》第 1 条监督要点 1："3. 电气化铁路及风电场、光伏电站等新能源发电场站（含分布式新能源发电）和非线性负荷用户接入系统方案和电能质量评估报告应通过相关部门审查。"

《电气化铁路牵引站接入电网导则（试行）》（国家电网发展〔2009〕974 号）第 8.4 条规定："电能质量监测装置：在牵引站接入系统的公共连接点需要安装电能质量监测装置，实时监测谐波、负序、电压波动与闪变等电能质量参数。"

《电气化铁路牵引站接入电网导则（试行）》（国家电网发展〔2009〕974 号）第 4.2 条规定："在牵引站接入系统设计和投产阶段，铁路部门应委托设计科研单位完成接入系统设计和电能质量评估。"

3. 问题分析

该站在可研阶段提交的可研报告未提供"预测评估报告 / 评估报告的评审意见"，供电企业无法判定 4 回电气化铁路出线对电网电能质量影响的程度，无法判断是否应在开关站内安装电能质量监测装置，是否安装判断的依据不充分。

4. 处理措施

铁路部门没有在接入系统设计阶段提供"预测评估报告／评估报告的评审意见"，电网开关站新建工程中在可研阶段暂按安装电能质量在线监测装置考虑，要求铁路部门在开关站新建工程初步设计阶段提供"预测评估报告／评估报告的评审意见"，依据评审意见明确是否需要安装电能质量监测装置。

5. 工作建议

对于电气化铁路，电能质量"预测评估报告／评估报告的评审意见"由铁路部门提供。铁路和电网是两家单位，电网需要铁路提供相关资料，存在两家单位之间的协调问题，建议在电气化铁路送出工程可研阶段就要求铁路部门提供评估报告，以免耽搁工程的技术方案确定。

二次设备

4.1 电测

【案例 24】电能表配置不合理

技术监督阶段：工程设计。

1. 问题简述

某 500kV 变电站 220kV 线路计量点关口电能表设计采用单表配置（无副表），且电能表准确度等级为 0.5S 级。经核实，该计量点为该地区一统调电厂上网考核计量点，按照《电能计量装置技术管理规程》（DL/T 448—2016）规定，该计量点应配置 I 类计量装置，其关口电能表配置不符合要求。该变电站某电流互感器设计变比为 2000/1A，经该互感器的电能表设计选型的电流规格为 3×1.5（6）A，该选型不符合《电能计量装置技术管理规程》（DL/T 448—2016）要求。

2. 监督依据

《电测全过程技术监督精益化管理实施细则》（工程设计阶段）第 2 条监督要点 3："I 类电能计量装置、计量单机容量 100MW 及以上发电机组上网贸易结算电量的电能计量装置和电网企业之间购销电量的 110kV 及以上电能计量装置，宜配置型号、准确度等级相同的计量有功电量的主副两只电能表。"

《电测全过程技术监督精益化管理实施细则》（工程设计阶段）第 3 条监督要点 1："I 类电能计量装置：有功电能表 0.2S 级，无功电能表 2 级，电压互感器 0.2 级，电流互感器

0.2S 级的准确度等级。"

《电测全过程技术监督精益化管理实施细则》（工程设计阶段）第 2 条监督要点 6："经电流互感器接入的电能表，其标定电流宜不超过电流互感器额定二次电流的 30%，其额定最大电流应为电流互感器额定二次电流的 120% 左右。"

3. 问题分析

该线路虽然为 220kV 线路，但统调电厂上网电量巨大，若只采用单表的计量配置，在表计计量误差超差或故障时不能满足电量核查要求，可能带来较大的经济损失。同时，0.5 级的电能表误差较大，不满足高精度的电能计量要求。

该电流互感器额定二次电流为 1A，而设计电能表的标定电流为 1.5A，这会导致该电能表长期运行在一个较低负荷下，电能表的计量结果误差会较大，可能带来经济损失。同时，也会给电能表后续的周期运维带来不便。

4. 处理措施

技术监督人员要求建设单位对该计量点计量装置配置进行重新设计，按 I 类电能计量装置的配置要求，采用主、副双表的配置，并使用准确度等级为 0.2S 的有功电能表。技术监督人员还要求建设单位对该经电流互感器接入的电能表进行重新选型，建议选择电流规格为 3×0.3（1.2）A 的电能表。

5. 工作建议

设计单位应明确线路真实类型，按照《电能计量装置技术管理规程》（DL/T 448—2016）规定，根据计量对象的重要程度和管理需要，配置相应等级的计量点装置。设计单位在选择电能表时要注意电流规格，其额定电流要和工作电流相适配，确保不发生工作电流过大或过小的情况，影响电能表的计量误差。

4.2 继电保护

【案例 25】110kV 线路未配置光纤差动保护

技术监督阶段：规划可研。

1. 问题简述

某 220kV 智能变电站，其 110kV 线路最终 14 回，本期 7 回。其中 2 回为 1 条 110kV 同塔双回在运线路开"π"接入，2 回为 1 条 110kV 单回在运线路开"π"接入（"π"点至站内新建线路为同塔双回线路），2 回为新建同塔双回线路，1 回为电铁新建线路。110kV 线路单套配置距离、零序电流保护装置，仅要求对于超短线路配置光纤差动保护，而未按要求对同塔双回线路配置光纤差动保护。

2. 监督依据

《继电保护全过程技术监督精益化管理实施细则》（规划可研阶段）第 1.1.6 条监督要点 4："110（66）kV 环网线（含平行双回线）、电厂并网线应配置一套纵联电流差动保护。"

《10kV ~ 110kV 线路保护及辅助装置标准化设计规范》（Q/GDW 1766—2015）第 6.1.5 条规定："110（66）kV 环网线（含平行双回线）、电厂并网线应配置一套纵联电流差动保护。"

3. 问题分析

原方案未考虑互感及环网线（含平行双回线）对保护功能配置的影响。进行 110kV 线路保护功能选择时，除考虑短线路对距离、零序保护整定的影响，还应考虑互感及环网运行对保护功能、整定的影响，短线路、同塔双回线路都应选择光纤差动保护。

4. 处理措施

对该工程的 110kV 同塔双回线路配置光纤差动保护装置。

5. 工作建议

建设单位和设计单位在规划可研阶段选择110kV线路保护配置方案，不应只考虑短线路配置光纤差动保护，对于考虑互感影响和环网线（含平行双回线）也应配置光纤差动保护。

【案例26】备自投装置配置不合理

技术监督阶段：规划可研。

1. 问题简述

某110kV变电站新建2台50MVA主变压器；110kV侧采用单母线分段接线，本期3回出线，含电源上网线路1条，另2条线路互为主备；10kV侧采用单母线三分段接线。

该站110、10kV均有小电源上网，110kV备自投（备用电源自动投入）装置在动作时应联切电源上网线路，并具备电源线路跳位返回确认电源线路已跳闸逻辑，避免备用线路与电源线路非同期合闸。原方案中未考虑备自投动作联切电源二次回路设计，程序中未考虑跳位返回逻辑。

2. 监督依据

《继电保护全过程技术监督精益化管理实施细则》（规划可研阶段）第1.1.11条监督要点2："应根据审定的电力系统设计或审定的系统接线图及要求，进行电网安全稳定自动装置的系统设计，并适当考虑近期发展规划。在系统设计中，除新建部分外，还应包括对原有安全稳定自动装置的改造方案。"

3. 问题分析

原方案未考虑有源电网110kV备自投装置动作后联切电源线路二次回路及跳位返回确认逻辑，不能确保电源线路可靠切除，易造成备供线路与电源线路非同期合闸。

根据有源电网实际运行情况，变电站在主供线路跳闸后可能存在短时或一段时间内孤网运行，110kV母线因中低压电源上网线路供电未失压或未降至装置无压定值，有些备自投装置在该情况下会瞬时放电，从而导致备自投装置在母线失压后不能动作的问题。

4. 处理措施

针对以上备自投装置存在的问题，提出如下解决方法：

（1）增加备自投装置联切电源回路及跳位触点返回回路，并完善备自投装置的电源线路跳位返回确认电源线路已跳闸逻辑；

（2）程序逻辑中考虑变电站在备自投充电状态下，当主供线路跳闸后，变电站在短时或一段时间内孤网运行而母线电压未降到无压定值时备自投装置瞬间放电问题，以确保有源电网中备自投装置的可靠运行。

5. 工作建议

在有源电网中，为确保电网可靠运行，应考虑备自投装置动作后联切电源上网线路及跳位返回确认逻辑；同时考虑有源电网中电压不能瞬时降低的实际情况，对备自投装置的放电逻辑进行完善，以保障电网安全运行。

【案例 27】双套配置的失步解列装置分侧布置电流回路不满足运行要求

技术监督阶段：工程设计。

1. 问题简述

某 500kV 变电站扩建工程，同塔双回线路配置两套失步解列装置，一套配置于 A 站点，另一套配置于 B 站点，且 A 站点失步解列装置电流回路串接于 1 号安控装置（安全控制装置）之后，B 站点失步解列装置也串接于 1 号安控装置之后，导致在单停安控装置开展系统联调时，若需对相关电流回路进行封锁，两侧站点失步解列装置均需陪停，从而失去第三道防线，不利于电网的安全稳定运行。技术监督前 A、B 站点电流回路串接分别如图 4-1 和图 4-2 所示。

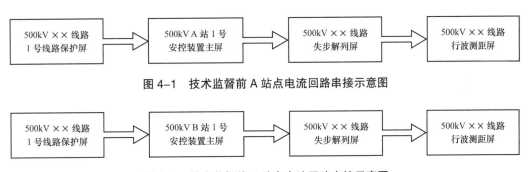

图 4-1　技术监督前 A 站点电流回路串接示意图

图 4-2　技术监督前 B 站点电流回路串接示意图

2. 监督依据

《国家电网有限公司关于印发十八项电网重大反事故措施（修订版）的通知》（国家电

网设备〔2018〕979号）第15.2.2.4条规定："两套保护装置与其他保护、设备配合的回路应遵循相互独立的原则，应保证每一套保护装置与其他相关装置（如通道、失灵保护）联络关系的正确性，防止因交叉停用导致保护功能缺失。"

3. 问题分析

同塔双回线路所配置的两套失步解列，若采用A、B两侧站点分开布置的方式，若电流回路均串接在A、B站1号安控装置之后，当单停安控装置开展系统联调需封锁电流回路时，A、B站相应的线路失步解列装置均需陪停，使该线路失去第三道防线，不利于电网的安全稳定运行。

4. 处理措施

结合检修工作更改设计图纸，重新敷设电缆，将B站失步解列装置电流回路串接方式由1号安控装置改接至2号安控装置；当单停安控装置开展系统联调需封锁电流回路时，只需陪停某一侧的失步解列装置，另一侧失步解列装置不受影响仍可继续运行，达到轮停检修的效果，保证电网不失去第三道防线。技术监督后A、B站点电流回路串接分别如图4-3和图4-4所示。

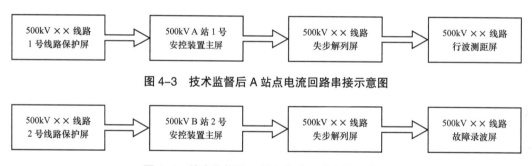

图4-3　技术监督后A站点电流回路串接示意图

图4-4　技术监督后B站点电流回路串接示意图

5. 工作建议

建议在开展500kV变电站新、扩建工程设计工作时，若失步解列装置需两侧站点分开布置，应充分考虑设备检修时的运行方式安排，两侧站点电流回路的串接方式应交叉布置，保障检修时电网防线安全可靠运行。

4.3 自动化（变电站）

【案例 28】电力系统实时动态监测系统配置不合理

技术监督阶段：工程设计。

1. 问题简述

某新建 500kV 变电站工程，站端电力系统实时动态监测系统设计过程中，子站未考虑相量数据集中器双套配置，导致变电站投产后无法实现冗余组网模式，站端数据传输可靠性降低；一旦发生相量数据集中器故障，将直接导致数据无法上传，影响调度端对区域电网负荷情况判断，从而影响系统运行可靠性。

2. 监督依据

《电力系统实时动态监测系统技术规范》（Q/GDW 10131—2017）第 5.2.3 条规定："应支持双相量数据集中器和双交换机冗余组网工作模式，相量数据集中器宜通过电力调度数据网双平面通道与调度主站进行数据通信。一般厂站宜采用冗余组网工作模式 1，重要厂站宜采用冗余组网工作模式 2。"冗余组网模式 1、2 分别如图 4-5 和图 4-6 所示。

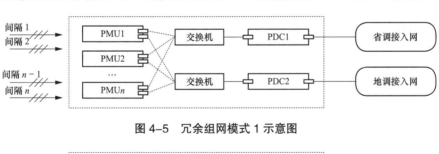

图 4-5 冗余组网模式 1 示意图

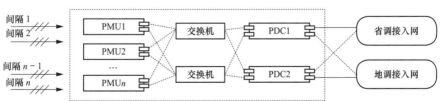

图 4-6 冗余组网模式 2 示意图

3. 问题分析

采用单相量数据集中器模式，若出现数据集中器异常或故障，将直接导致站端 PMU 装置数据无法上送至调度主站，造成上送数据中断，影响调度端对电网运行方式判断。

4. 处理措施

新增一台相量数据集中器，与原有相量数据集中器进行冗余组网，实现数据通信冗余配置，提升数据上送可靠性。

5. 工作建议

在今后的 500kV 新建变电站设计中，应充分考虑电力系统实时动态监测系统的冗余构架，从而实现变电站实时运行数据传输通道的冗余和可靠。

【案例 29】调度数据网及安全防护设备屏柜设计不合理

技术监督阶段：工程设计。

1. 问题简述

某 110kV 变电站综合自动化改造工程，原有调度数据网及安全防护设备屏 1 面，屏内部署了地区调度数据网及安全防护设备 1 套。

可研方案：利旧调度数据网及安全防护设备屏 1 面，在屏柜新增地区调度数据网及安全防护设备 1 套。

2. 监督依据

《国网运检部关于印发公司生产技术改造和设备大修原则的通知》（国家电网公司运检计划〔2015〕60 号）第 6.3.1.3.3 条规定："110kV 及以上厂站未配置两套独立调度数据网络接入设备、110kV 以下未配置调度数据网络设备的厂站，应进行改造。"第 6.3.1.4.3 条规定："未实现与调度数据网同步建设二次安全防护设施的厂站，应安排改造。"

《国家电网有限公司关于印发十八项电网重大反事故措施（修订版）的通知》（国家电网设备〔2018〕979 号）第 16.1.2.2 条规定："厂站数据通信网关机、相量测量装置、时间同步装置、调度数据网及安全防护设备等屏柜宜集中布置，双套配置的设备宜分屏放置且两个屏应采用独立电源供电。二次线缆的施工工艺、标识应符合相关标准、规范要求。"

3. 问题分析

按照原设计方案，2 套调度数据网和网络安全防护设备都放在 1 面屏柜里面，如果该屏柜电源出了问题或者通信电缆出了问题就会造成该站的远传信号全部中断，并且对于系统运行的安全可靠性也要一定影响，必须要求立即恢复有人值守。

4. 处理措施

建议增加 1 面调度数据网及网络安全防护设备屏，部署新增加的 1 套调度数据网及网络安全防护设备，单独敷设电源电缆及通信电缆。

5. 工作建议

110kV 变电站屏柜空间一般比较充裕，而且重要性较高，建议调度数据网及安全防护设备等屏分屏放置。

一般 35kV 变电站现场屏柜空间有限，重要性相对较低，可以根据实际情况考虑是部署 1 面屏或 2 面屏。

4.4 自动化（主站）

【案例30】时间同步系统配置不合理

技术监督阶段：工程设计。

1. 问题简述

某公司调度技术支持系统新建工程，设计方案中时间同步系统仅单套配置。

2. 监督依据

《自动化（主站）全过程技术监督精益化管理实施细则》（工程设计阶段）第4条监督要点8："系统应配置统一的时间同步系统，支持北斗和GPS时间基准信号。"

《电力系统的时间同步系统 第1部分：技术规范》（DL/T 1100.1—2009）第4.3条规定："各级调度机构应配置一套时间同步系统，时间同步系统宜采用主备式。"

3. 问题分析

某调度技术支持系统时间同步系统在设计时仅考虑了"双源"，即北斗（北斗导航系统）和全球定位系统（global positioning system，GPS）两个信号源，但没有考虑主备双时钟，因此目前为单套配置，一旦系统故障，调度技术支持系统将失去天文时钟标准时间源，影响保护装置、故障录波、SOE等功能正常运行。

4. 处理措施

建议对时间同步系统进行改造，增加一台主时钟及配套天线等设备，对调度技术支持系统进行授时。时间同步系统结构如图4-7所示。

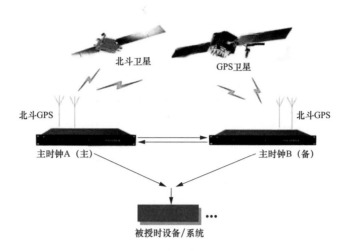

北斗卫星　　GPS卫星

北斗GPS　　　　　　　　　　　　　北斗GPS

主时钟A（主）　　　　　　　　　主时钟B（备）

被授时设备/系统

图 4-7　时间同步系统结构示意图

5. 工作建议

在今后的调度技术支持系统设计中，应充分考虑电力系统时间同步系统冗余配置，从而实现北斗和 GPS "双源" 以及主备双时钟的技术要求。

4.5 直流电源

【案例 31】交流不停电电源系统 UPS 配置不合理

技术监督阶段：工程设计。

1. 问题简述

某 110kV 变电站保护监控改造工程中，交流 220V 不停电电源配置 1 台容量为 5kVA 的在线式逆变电源装置为二次设备提供工作电源，组屏安装于二次设备室。交流不停电电源系统 UPS 配置不满足调度自动化系统应采用专用的、冗余配置 UPS 电源的供电要求。电源系统配置明细见表 4–1。

表 4–1   电源系统配置明细表

序号	负荷名称	单台功率（W）	安装台数	功率（W）
1	监控主机	600	2	1200
2	综合应用服务器	600	1	600
3	电能量采集装置	50	1	50
4	调度数据网路由器	200	2	400
5	调度数据网交换机	50	4	200
6	纵向加密装置	50	4	200
7	打印机	200	2	400
8	火灾报警主机	500	1	500
9	合计			3550

2. 监督依据

《国家电网有限公司关于印发十八项电网重大反事故措施（修订版）的通知》（国家电网设备〔2018〕979 号）第 16.1.1.2 条规定："调度自动化系统应采用专用的、冗余配置的不间断电源（UPS）供电，UPS 单机负载率应不高于 40%。外供交流电消失后 UPS 电池满载供电时间应不小于 2h。UPS 应至少具备两路独立的交流供电源，且每台 UPS 的供电开关应独立。"

3. 问题分析

按照原设计方案中不间断电源（UPS）的配置方案，UPS 单机负载率达 71%，且仅配置 1 台容量为 5kVA UPS 电源，不满足调度自动化设备 UPS 电源冗余配置的要求。

4. 处理措施

调整初步设计方案，更换 UPS 电源 1 套，容量 2×5kVA，UPS 输出容量、出线回路数应满足远景要求。

5. 工作建议

在工程设计阶段，变电二次专业人员应严格按照相关规程规范要求，充分重视不间断电源 UPS 冗余配置，合理优化设计方案，避免 UPS 单机负载率过高。

【案例 32】未配置微机绝缘监测装置

技术监督阶段：工程设计。

1. 问题简述

某 110kV 变电站新建工程中采用交直流智能一体化电源设备，对直流系统、站内不停电电源、站用电进行统一监控和管理。其中，直流系统采用单母线接线，配置 1 组 220V、200Ah 阀控式密封铅酸蓄电池，1 套 220V 高频开关电源充电装置，每套（4+1）×10A，未配置微机绝缘监测装置。

2. 监督依据

《直流电源全过程技术监督精益化管理实施细则》（工程设计阶段）第 19 条监督要点 1："采用单母线分段接线或单母线接线的直流系统，应装设一套绝缘监测装置。"

《变电站直流电源系统技术标准》（Q/GDW 11310—2014）第 5.14.1.1 条规定："采用单母线分段接线或单母线接线的直流系统，应装设一套绝缘监测装置；采用二段单母线接线的直流系统应装设两套绝缘监测装置；每套绝缘监测装置只能有一个接地点。分电屏安装的接地选线装置，不得再设平衡桥及检测桥回路。"

3. 问题分析

原设计方案中，交直流一体化电源系统未配置微机绝缘监测装置；当系统出现接地故障时，不能及时报警提醒相关人员排查故障，供电的连续性和可靠性以及生产安全受到威胁。

4. 处理措施

调整初步设计方案，交直流一体化电源系统配置 1 套微机绝缘监测装置。

5. 工作建议

建议调整智能变电站模块化建设通用设计关于交直流一体化电源系统中绝缘监测装置的配置方案。

4.6 智能辅助设备

【案例 33】未配置 SF₆ 泄漏传感器

技术监督阶段：规划可研。

1. 问题简述

某 110kV 变电站为户内 GIS 变电站，110kV 配电装置采用 SF_6 断路器布置于 GIS 设备室，站内配置 1 套智能辅助控制系统，接入站控层综合应用服务器，实现对站内视频安全监视、火灾报警、变压器消防、灯光和通风、环境监测等各子系统的监视、联锁、控制及远传功能，但未配置 SF_6 泄漏传感器。

2. 监督依据

《智能变电站辅助控制系统设计技术规范》（Q/GDW 688—2012）第 8.4 条规定："GIS 室、SF_6 断路器开关柜室等含 SF_6 设备的配电装置室应配置 SF_6 泄漏传感器。"

3. 问题分析

环境监测子系统由环境数据采集单元、温度传感器、湿度传感器、SF_6 传感器、水浸传感器等组成，原可研报告 GIS 室未设置 SF_6 泄露报警装置，SF_6 气体泄漏时会对进入 GIS 设备室内的工作人员的安全和健康产生威胁。

4. 处理措施

由于该变电站为户内 GIS 变电站，110kV 配电装置采用 SF_6 断路器布置于 GIS 设备室，故需要补充 GIS 配电装置室 SF_6 监测点，其 SF_6 检测传感器数量应能满足对 110kV GIS 设备室进行监测报警和联动控制的需要。

5. 工作建议

在工程设计阶段，变电二次专业人员应严格按照相关规程规范要求，对 GIS 室、SF_6 断路器开关柜室等含 SF_6 设备的配电装置室应配置 SF_6 泄漏传感器。

【案例 34】未实现联动控制功能

技术监督阶段：规划可研。

1. 问题简述

某 110kV 变电站配置 1 套智能辅助控制系统，接入站控层综合应用服务器，实现对站内视频安全监视、火灾报警、变压器消防、灯光和通风、环境监测等各子系统的监视及远传功能，但其联动控制功能未实现。

2. 监督依据

《智能变电站辅助控制系统设计技术规范》（Q/GDW 688—2012）第 7.2.5 条规定："通过和其他辅助子系统的通信，应能实现用户自定义的设备联动，包括消防、环境监测、报警等相关设备联动。"

3. 问题分析

原可研报告站内配置 1 套智能辅助控制系统，未实现图像监控、火灾报警、消防、照明、采暖通风、环境监测等系统的智能联动控制，无法实现设备功能共享，一定程度上造成了资源的浪费。

4. 处理措施

站内配置智能辅助控制系统，实现图像监控、火灾报警、消防、照明、采暖通风、环境监测等系统的智能联动控制：

（1）在夜间或照明不良的情况下，需要启动摄像头摄像时，联动辅助灯光、开启照明灯；

（2）发生火灾时，联动报警设备所在区域的摄像机跟踪拍摄火灾情况、自动解锁房间门禁、自动切断风机电源、空调电源；

（3）发生非法入侵时，联动报警设备所在区域的摄像机；

（4）当配电装置室 SF_6 浓度超标时，联动配电装置室区域的摄像机，自动启动相应的风机；

（5）发生水浸时，自动启动相应的水泵排水；

（6）通过对室内环境温度、湿度的实时采集，自动启动或关闭通风系统。

5. 工作建议

在工程设计阶段，变电二次专业人员应严格按照相关规程规范要求，实现对站内视频安全监视、火灾报警、变压器消防、灯光和通风、环境监测等各子系统的监视、联锁、控制及远传功能。

5

架空线路

5.1 输电杆塔

【案例 35】绝缘配置水平与实际污秽情况不符

技术监督阶段：规划可研。

1. 问题简述

某 110kV 线路工程在开展设计时未了解到线路附近的污染源，根据污区分布图按照 C 级进行绝缘配置。实际线路附近有化工企业，存在污染源，污秽情况较污区图严重，导致绝缘配置不足，影响线路安全运行。现场污秽实际情况如图 5-1 所示。

图 5-1 现场污秽实际情况

2. 监督依据

《输电杆塔全过程技术监督精益化管理实施细则》（规划可研阶段）第 1.1.4 条监督要点 2："路径选择应尽量做到：避开调查确定的覆冰严重地段和污秽较重地区；沿起伏不大的地形走线；避免横跨垭口、风道和通过湖泊、水库等容易覆冰的地带；避免大档距、大高差；通过山岭地带，宜沿覆冰时背风坡或山体阳坡走线；转角角度不宜过大。"

《110kV ～ 750kV 架空输电线路设计规范》（GB 50545—2010）第 7.0.4 条规定："绝缘配置应以审定的污区分布图为基础，结合线路附近的污秽和发展情况，综合考虑环境污秽变化因素，选择合适的绝缘子型式和片数，并适当留有裕度。"

3. 问题分析

该案例主要问题为设计单位污染源现场调查不细致，盲目参照污区分布图，未考虑到输电线路沿线有新投运化工企业时，会导致污秽情况恶化，进而导致绝缘子更容易发生污闪现象，导致污染源附近绝缘配置水平偏低，不符合现场实际污秽及远期发展情况。

4. 处理措施

采取更换绝缘子型号、增加绝缘子数量等措施提高线路绝缘水平。

5. 工作建议

在现场踏勘收资时，着重调查线路沿线环境类型、污秽类型、污秽严重程度，为绝缘配置提供可靠的基础资料。收资应细致，考虑规划中重大污染源对线路绝缘配置的影响。实时关注网省电力公司特殊区域分布图的更新，参照最新的污区分布图。

【案例 36】线下树种识别不当导致杆塔呼高设计偏低

技术监督阶段：工程设计。

1. 问题简述

某 220kV 输变电工程，约 1.8km 输电线路路径涉及跨越成片松树，跨越段现场照片和跨越松树林段路径分别如图 5-2 和图 5-3 所示。设计方案采用高跨通过该区域，松木自然生长高度取 20m。后经现场调查和运维检修单位反映，路径下方跨越树木为马尾松，其自然生长高度可达 25m，设计方案中杆塔呼高选取过低。

图 5-2　跨越段现场照片

图 5-3　跨越松树林段路径示意图

2. 监督依据

《输电杆塔全过程技术监督精益化管理实施细则》（工程设计阶段）第 2.1.5 条监督要点 1："架空线路跨越森林、防风林、固沙林、河流坝堤的防护林、高等级公路绿化带、经济园林等，宜根据树种的自然生长高度采用高跨设计。"

《国家电网有限公司关于印发十八项电网重大反事故措施（修订版）的通知》（国家电网设备〔2018〕979 号）第 6.7.1.2 条规定："架空线路跨越森林、防风林、固沙林、河流坝堤的防护林、高等级公路绿化带、经济园林等，宜根据树种的自然生长高度采用高跨设计。"

3. 问题分析

设计单位对线路沿线树种调查不充分，对线下树木自然生长高度估计错误，增加了后期线路运行维护阶段的不确定性风险。待树木成长至自然生长高度后，将成为危害线路安全运行的危险因素，降低了线路安全运行的可靠性。

4. 处理措施

跨越松树林段共涉及 5 基双回路 2F4 模块直线杆塔，技术监督人员要求线路采取高跨设计时，线下树木自然生长高度取 25m。将跨越成片林段杆塔呼高由 27、30m 分别提升至 33、36m，满足线路跨越段对树木安全距离要求。

开展技术监督工作前后方案技术经济对比见表 5-1。

表 5-1　　　　　　　　　技术监督工作前后方案技术经济对比

对比项目	技术监督前	技术监督后
杆塔模块	2F4	2F4
杆塔呼高（m）	27、30	33、36
杆塔质量（t）	75.4	88.5
基础混凝土量（m³）	117	140
造价（万元）	157	169.7

5. 工作建议

设计人员应结合现场实地踏勘情况，合理确定树木生长高度、杆塔呼高；开展现场调研工作时，应重点关注对工程设计有重大负面影响的风险因素，逐一排查、管控和规避风险。

5.2 线路基础

【案例 37】山区线路杆塔基础外露高度不足

技术监督阶段：工程设计。

1. 问题简述

某 220kV 山区线路工程长短腿塔配合高低立柱基础设计时，基础外露高度设计不合理，施工完成后，杆塔基础外露高度过低，如图 5-4 所示。

图 5-4 杆塔基础外露高度过低

2. 监督依据

《线路基础全过程技术监督精益化管理实施细则》（工程设计阶段）第 2.1.2 条监督要点 6："山区线路应采用全方位长短腿与不等高基础配合使用，必要时应做好基面稳定防护处理措施。"

《架空输电线路基础设计技术规程》（DL/T 5219—2014）第 13.0.2 条规定："山区线路应采用全方位长短腿与不等高基础配合使用，必要时应做好基面稳定防护处理措施。"

3. 问题分析

在工程设计阶段，设计单位未对杆塔塔基断面开展细致准确的勘测，导致在进行基础配置时，确定的施工基面不合理。基础外露过高或过低与设计施工基面有关，设计施工基面过高，会导致基础外露过高，不利于基础施工，增加工程投资；设计施工基面过低，会导致基础外露过低，造成塔基附近积水，长期积水易导致水土流失，影响线路安全运行。

4. 处理措施

在外露过低基础旁设置引水槽，避免在塔基附近形成积水，同时在塔基上边坡修筑排水沟，将塔基上方的水引流，并做好塔基植被恢复，防止冲刷塔基。

5. 工作建议

在设计勘察时应逐基实测塔基断面，根据现场地形合理设计施工基面；施工单位在现场施工时，应根据现场实际情况校核施工后基础露高是否合理，出现基础外露过高或过低的情况时，应及时联系设计单位解决；另外，施工单位在进行杆塔基础施工时，应确保塔基降方到位，塔基放坡坡度应满足设计要求。

【案例 38】未结合地形条件设置护坡或排水设施

技术监督阶段：工程设计。

1. 问题简述

某 220kV 山区线路工程，在施工验收阶段发现 3 基杆塔基础易受雨水冲刷，查阅施工图纸发现在设计阶段并未设置护坡和排水沟。为防止水土流失，该 3 基塔位需设置轻型护坡和排水沟，同时合理处置施工弃土、做好植被恢复。

2. 监督依据

《线路基础全过程技术监督精益化管理实施细则》(工程设计阶段) 第 2.1.3 条监督要点 3："对于易发生水土流失、洪水冲刷、山体滑坡、泥石流等地段的杆塔，应采取加固基础、修筑挡土墙（桩）、截（排）水沟、改造上下边坡等措施，必要时改迁路径。"

《架空输电线路基础设计规程》（DL/T 5219—2014）第 13.0.3 条第 3 款规定："宜结合基面实际地形对塔位基面采取截、排水措施。"

《国家电网有限公司关于印发十八项电网重大反事故措施（修订版）的通知》（国家电网

设备〔2018〕979 号）第 6.1.1.3 条规定："对于易发生水土流失、洪水冲刷等地段的杆塔，应采取加固基础、修筑挡土墙（桩）、截（排）水沟、改造上下边坡等措施，必要时改迁路径。"

3. 问题分析

设计人员在进行基础施工图设计时，仅根据塔基断面反映出的塔位坡度作为依据来判断是否设置排水设施和护坡，未在线路勘察定位时观察塔位所处的地形情况并做好记录，导致在进行杆塔基础设计时遗漏需要设置的截、排水设施。

4. 处理措施

结合塔基地形情况，补充排水沟和护坡设计方案，将雨水引到杆塔基础保护范围外的地方，排水沟如图5-5 所示。

5. 工作建议

在线路终勘定位时，应仔细勘察塔位地形和周边

图 5-5　排水沟

环境，做好记录。设计人员在进行山区输电线路设计时，要高度重视水土保持方案对线路安全运行的重要性。施工单位在现场施工时，如发现基础易受雨水冲刷等问题，应及时联系设计单位调整设计方案予以解决。

【案例 39】基础未采取防扰动措施

技术监督阶段：工程设计。

1. 问题简述

某 220kV 输变电工程，线路工程路径总长约 11.8km，双回路，部分基础置于地下水位以下。该工程主要采用掏挖和台阶基础，基础型式一览图中台阶基础均未加垫层。台阶基础配筋图如图 5-6 所示。

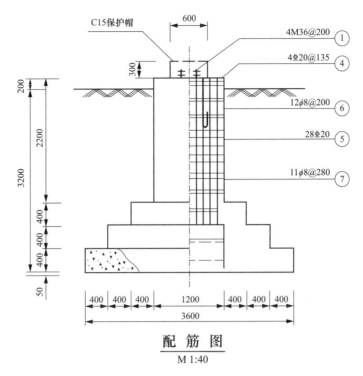

配 筋 图
M 1:40

图 5-6 台阶基础配筋图

2. 监督依据

《线路基础全过程技术监督精益化管理实施细则》（工程设计阶段）第 2.1.1 条监督要点 1："当基础置于地下水位以下或软弱地基时，应铺设垫层或采取其他防扰动措施。"

《架空输电线路基础设计技术规程》（DL/T 5219—2014）第 3.0.9 条规定："当基础置于地下水位以下或软弱地基时，应铺设垫层或采取其他防扰动措施。"

3. 问题分析

基础设计应考虑受地下水、环境水的影响，部分工程由于设计时间紧张，细节处理不到位，基础型式一览图中地下水位以下的台阶基础图未加垫层。

4. 处理措施

初步设计评审时，根据地质勘查报告，该线路所处位置地下水位高，部分基础置于地下水位以下，应铺设垫层或采取其他防扰动措施，而基础图中台阶基础均未加垫层，是不合理的。基础设计应考虑地下水位季节性变化的影响，考虑受地下水、环境水、基础周围土壤对其腐蚀的可能性，必要时采用防护措施，修改基础图，增加基础垫层。

5. 工作建议

在工程设计阶段，设计单位应取得地质勘查报告，应结合沿线地质条件，提出主要基础型式，综合地形、地质、水文条件以及基础作用力，选择适当的基础类型；说明各种基础型式的特点、适用地区及适用杆塔的情况。

5.3　导、地线及光缆

【案例 40】线路与县道距离不足

技术监督阶段：工程设计。

1. 问题简述

某 110kV 输变电工程线路投运前，建设单位组织验收，经现场复核测量，发现 B20、B21 塔基础边缘对现状 X152 县道的水平距离分别为 2.9、2m，不满足《中华人民共和国公路管理条例》和技术监督细则对 110kV 铁塔外缘至路基边缘安全距离的要求，110kV 线路与 X152 县道位置现场图如图 5-7 所示，110kV 线路与县道位置示意图如图 5-8 所示。

图 5-7　110kV 线路与 X152 县道位置现场图

图 5-8　110kV 线路与县道位置示意图

2. 监督依据

《中华人民共和国公路管理条例》第二十九条规定："在公路两侧修建永久性工程设施，其建筑物边缘与公路边沟外缘的间距为：国道不少于 20m，省道不少于 15m，县道不少于 10m，乡道不少于 5m。"

《导、地线全过程技术监督精益化管理实施细则》（工程设计阶段）第 2.1.5 条监督要点 6："架空输电线路与铁路、道路、河流、管道、索道及各种架空线路交叉最小垂直距离和最小水平接近距离应符合规定数值：110kV 铁塔外缘至路基边缘 [开阔地区：交叉：8m；平行：最高杆（塔）高；路径受限制地区：5m]。"

《110kV ～ 750kV 架空输电线路设计规范》（GB 50545—2010）表 13.0.11（见表 5-2）。

表 5-2　送电线路与铁路、公路、河流、管道、索道及各种架空线路交叉或接近的基本要求

项目	铁路	公路	电车道 （有轨及无轨）
导线或地线在跨越档内接头	标准轨距：不得接头 窄轨：不得接头	高速公路、一级公路：不得接头 二、三、四级公路：不限制	不得接头
邻档断线情况的检验	标准轨距：检验 窄轨：不检验	高速公路、一级公路：检验 二、三、四级公路：不检验	检验

项目	铁路				公路	电车道（有轨及无轨）	
邻档断线情况的最小垂直距离（m） 标称电压（kV）	至轨顶			至承力索或接触线	至路面	至路面	至承力索或接触线
110	7.0			2.0	6.0	—	2.0
最小垂直距离（m） 标称电压（kV）	至轨顶 标准轨	窄轨	电气轨	至承力索或接触线	至路面	至路面	至承力索或接触线
110	7.5	7.5	11.5	3.0	7.0	10.0	3.0
220	8.5	7.5	12.5	4.0	8.0	11.0	4.0
330	9.5	8.5	13.5	5.0	9.0	12.0	5.0
500	14.0	13.0	16.0	6.0	14.0	16.0	6.5
750	19.5	18.5	21.5	7.0（10）	19.5	21.5	7（10）

最小水平距离（m） 标称电压（kV）	杆塔外缘至轨道中心	杆塔外缘至路基边缘		杆塔外缘至路基边缘	
		开阔地区	路径受限制地区	开阔地区	路径受限制地区
110	交叉：30 平行：最高杆（塔）高加3	交叉：8 10（750kV）平行：最高杆（塔）高	5.0	交叉：8 10（750kV）平行：最高杆（塔）高	5.0
220			5.0		5.0
330			6.0		6.0
500			8.0（15）		8.0
750			10（20）		10.0

附加要求	不宜在铁路出站信号机以内跨越	括号内为高速公路数值，高速公路路基边缘指公路下缘的排水沟	

备　注		公路分级见 GB 50545 附录 H，城市道路分级可参照公路的规定	

3. 问题分析

（1）该工程规划可研阶段，原设计方案为采用两条单回路钻越 ±500kV 线路，但并未现场测量钻越断面，仅根据现场踏勘，认为单回路可以钻越 ±500kV 线路，经终勘现场测量，原可行性研究、初步设计考虑的单回路钻越点位置无法正常钻越 ±500kV 线路。为保证正常钻越，设计人员现场对 ±500kV 线路的可能钻越点进行了测量，最终选择在 ±500kV 线路 1498 号塔小号侧约 15m 处进行钻越（现状钻越点）。后调整为双回路钻越方案，可满足对 X152 县道的水平距离要求。

（2）确定钻越方案后，现场 X152 县道正在修建，根据设计单位向公路局收资，线路 B20、B21 杆塔中心距离拟建的 X152 县道外缘的距离分别为 6.8、7.45m；B20、B21 的塔型分别为 11BB-SZJ1-12（根开为 4.798m）、11BB-SJZ4-12（根开为 5.169m），基础均采用灌注桩基础（直径为 1m）。经核算，B20、B21 塔基础边缘距拟建的 X152 县道的水平距离分别为 5.01、3.04m，不满足技术监督的要求。

（3）该方案与县道水平距离不满足技术监督的要求，但并未引起设计人员的重视，施工图仍按照该方案进行了出图设计，因 X152 县道施工方案与收资方案存在偏差，导致线路实施后，B20、B21 杆塔基础边缘距 X152 县道水平距离分别为 2.9、2m，不满足 110kV 铁塔外缘至路基边缘距离不小于 5m 的要求，更加不满足《中华人民共和国公路管理条例》中"在县道两侧修建永久性工程设施，其建筑物边缘与县道边沟外缘的间距不少于 10m"的要求。

4. 处理措施

技术监督人员要求设计单位在线路投运前对该段线路进行整改，设计单位拟订两个整改方案，如图 5-9 所示。

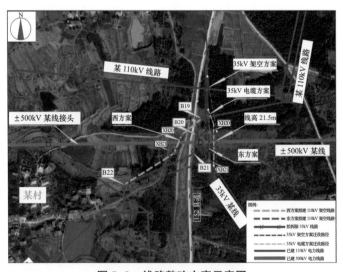

图 5-9　线路整改方案示意图

（1）西方案（门形钻越杆方案）：拟在现状 X152 县道及抗旱沟渠西侧新建两基双回路门型杆（其中 XB20 为变呼高杆）钻越 ±500kV 线路，新建线路自原 B19 号塔起，至原

B22 号塔止，新建双回架空线路路径长约 0.31km（含 2 基双回路角钢塔）。改造后，XB20、XB21 塔基边缘对 X152 县道的水平距离分别为 22.5、35m。

（2）东方案（迁改 35kV 线路方案）：拟将现状 X152 县道东侧的 35kV 某线向东迁改，新建 110kV 双回线路利用原 35kV 某线廊道钻越 ±500kV 线路，新建 110kV 线路自原 B19 号塔小号侧新建双回路耐张塔起，至原 B22 号塔大号侧新建双回路耐张塔止，新建双回 110kV 架空线路路径长约 0.39km（含 4 基双回路角钢塔）。改造后，XB20、XB21 塔基边缘对 X152 县道的水平距离分别为 40.5、49.5m。

开展技术监督工作前后方案技术经济对比见表 5-3。

表 5-3   技术监督工作前后方案技术经济对比

对比项目	技术监督前	技术监督后（西方案）	技术监督后（东方案）
路径长度（km）	0.11	0.31	0.39
杆塔数量	2	2	4
三线迁改	不涉及	不涉及	迁改 35kV 线路 0.3km
塔基边缘与县道距离（m）	2.9、2	22.5、35	40.5、49.5
造价（万元）	64	106	222

根据技术经济对比，技术监督后采用西方案，满足了《中华人民共和国公路管理条例》和技术监督细则的要求。

5. 工作建议

设计人员在线路终勘时，应对钻越、平行公路等重要敏感区段保持关注，在收资、施工等关键节点对敏感因素的现状进行核实。在开展设计工作时，应严格落实设计图纸满足相关规程、规范、强制性条款等要求，同时完善并加强校审制度，从设计源头规避问题。

【案例 41】设计收资不充分导致新建线路跨越被开断线路安全距离不足

技术监督阶段：工程设计。

1. 问题简述

某新建 220kV 线路工程 A8 ~ A9 段跨越 1 条已建 220kV 线路，该工程实施前，被跨越 220kV 线路在跨越点附近拟被开断，新建线路跨越现状 220kV 线路路径平面示意图如图 5-10 所示。该工程设计人员未掌握相关情况即开展了施工图设计，拟订的设计方案中，新建线路下导线距离现状 220kV 线路地线高度为 5.8m，满足跨越距离大于 4m 的要求。在新建线路导地线架设时，被跨越 220kV 线路已完成开断，导致新建线路下导线距离距开断后 220kV 线路地线距离仅为 0.94m，不满足跨越距离大于 4m 的要求。跨越现状 220kV 线路平、断面图如图 5-11 所示，跨越被开断 220kV 线路平、断面图如图 5-12 所示。

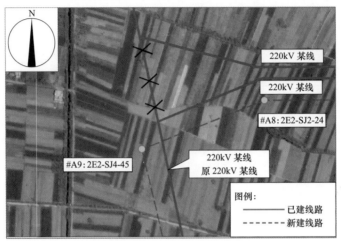

图 5-10　新建线路跨越现状 220kV 线路路径平面示意图

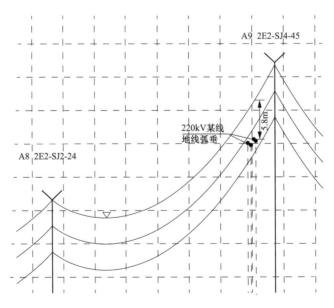

图 5-11　跨越现状 220kV 线路平、断面图

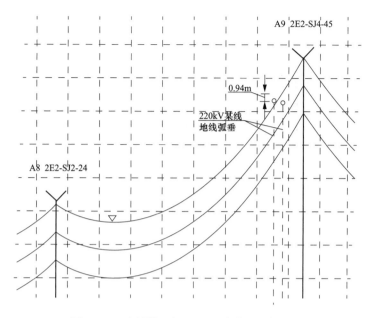

图 5-12　跨越被开断 220kV 线路平、断面图

2. 监督依据

《导、地线全过程技术监督精益化管理实施细则》（工程设计阶段）第 2.1.5 条监督要点 6："架空输电线路与铁路、道路、河流、管道、索道及各种架空线路交叉最小垂直距离和最小水平接近距离应符合规定数值：220kV 线路跨越电力线至被跨越线为 4m。"

《110kV ～ 750kV 架空输电线路设计规范》（GB 50545—2010）表 13.0.11（见表 5-2）。

3. 问题分析

（1）新建 220kV 线路现场终勘时间较早，终勘完成时，A8 ～ A9 跨越段现状 220kV 线路尚未被开断。线路施工距离线路终勘时间较长，施工前设计人员未对被跨越线路情况进行复核。

（2）对于新建线路跨越现状电力线，设计人员未对现状电力线近期有无改造、开断等计划进行收资，建设单位未对已建 220kV 线路开断情况对设计人员进行提醒，造成新建线路工程与被跨越线路开断工程未进行有效对接。

4. 处理措施

在开展技术监督工作时，发现新建线路 A8 ～ A9 段距离被开断 220kV 线路距离不满足要求，技术监督人员要求设计单位对该段线路进行整改，设计单位拟订线路整改方案，如图 5-13 所示。

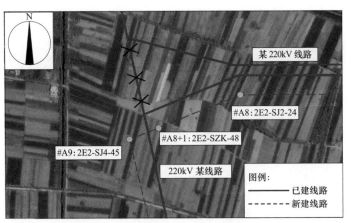

图 5-13　线路整改方案路径平面示意图

方案拟在 A9 号塔小号侧 92m 处新建一基塔型为 2E2-SZK、呼高为 48m、全高 56m 的直线塔，采用"耐—直—耐"对已建 220kV 线路进行跨越。整改方案完成后，A8+1 ～ A9 号段高温工况下下导线弧垂对已建 220kV 线路地线垂直距离为 5.1m，满足相关规范要求。线路整改后跨越 220kV 线路断面图如图 5-14 所示。

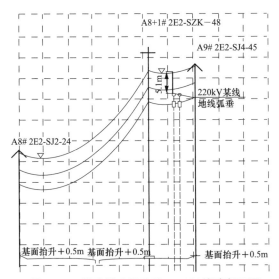

图 5-14　线路整改后跨越 220kV 线路断面图

开展技术监督工作前后方案技术经济对比见表 5-4。

表 5-4　　　　　　　　　技术监督工作前后方案技术经济对比

对比项目	技术监督前	技术监督后
杆塔数量	2	3
杆塔质量（t）	41.3	61.8

续表

对比项目	技术监督前	技术监督后
基础混凝土量（m³）	63.5	86.2
造价（万元）	58	82

5. 工作建议

设计人员在开展设计工作时，针对跨越电力线路，应主动向建设单位进行收资，了解被跨越电力线路近期有无改造和改接等相关计划。在工程设计阶段，建设单位应充分考虑可能会对工程建设产生较大影响的风险因素，采取行之有效的风险管控措施，规避后期建设等阶段的风险。

5.4 金具

【案例 42】钻越塔跳线支撑管长度过长

技术监督阶段：工程设计。

1. 问题简述

某 220kV 线路工程，采用双回路钻越塔钻越 500kV 线路，在开展施工图设计时利用三维软件对钻越塔跳线弧垂进行校验，新建双回路钻越塔外侧上相需使用双联绕条加支撑管，且支撑管长度需增加到 10m（通用设计最长为 6m），双回路钻越塔外侧上相绕跳如图 5-15 所示，双回路钻越塔如图 5-16 所示，安装支撑管现场照片如图 5-17 所示。施工单位现场组装发现，钻越塔外侧上相挂点间距为 1.4m，两侧悬臂长度达到 4.3m，支撑管安装完成后两侧成向下弯曲状态。

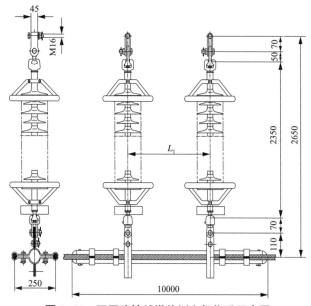

图 5-15 双回路钻越塔外侧上相绕跳示意图

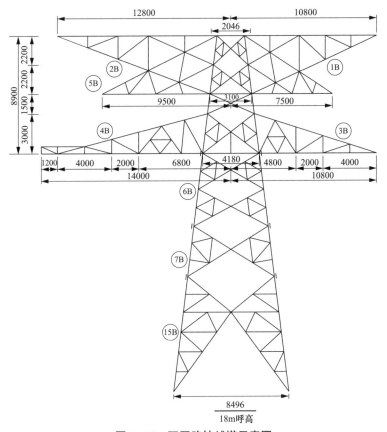

图 5-16 双回路钻越塔示意图

图 5-17 安装支撑管现场照片

2. 监督依据

《国家电网公司输变电工程施工图设计内容深度规定　第 7 部分：220kV 架空输电线路》（Q/GDW 381.7—2010）第 5.1.2.10 条规定："说明跳线型式、悬挂方式以及跳线安装的施工工艺要求。"

3. 问题分析

由于支撑管长度较长，且跳线串挂点间距较小，支撑管安装完成后，受自身重力及跳线拉力等因素影响，支撑管两侧向下呈弯曲状态。

4. 处理措施

技术监督人员要求设计单位进一步对钻越塔跳线间隙进行校验。为避免后期覆冰荷载增加等不利因素导致支撑管强度不够所带来的安全隐患，设计人员拟对支撑管进行强度补强等措施。

经设计人员对钻越塔跳线间隙重新进行三维校验，支撑管长度最短需要 8m，将双联悬垂跳线串下部撑开，成"八"字形布置，减少两端悬臂的长度，方案不涉及物资变更，仅需对现场跳线串安装位置进行调整即可。三维校验情况如图 5-18 所示，跳线串"八"字形布置如图 5-19 所示。

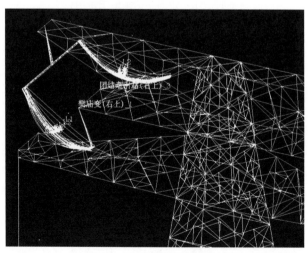

图 5-18　三维校验情况

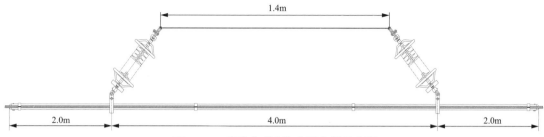

图 5-19 跳线串"八"字形布置示意图

5. 工作建议

钻越塔跳线支撑管长度过长，极易变形，为避免其他工程出现同类情况，建议对钻越塔地线横担进行修改，增加跳线串挂点间距，同时对钻越塔进行全面电气间隙校验，规避后期线路运行安全风险。

【案例 43】联塔金具与横担挂点不匹配

技术监督阶段：工程设计。

1. 问题简述

某 220kV 线路工程，导线采用 2×JL/G1A-630/45 钢芯铝绞线，地线采用 2 根 48 芯 OPGW 光缆。导线悬垂串采用代号为 2XZ11-6000-12P(H)-1A 国家电网有限公司通用金具串，联塔金具采用 ZBS 挂板 (ZBS-12/16-100)，导线悬垂串如图 5-20 所示，联塔金具 ZBS 挂板如图 5-21 所示。在开展技术监督工作时发现，该工程直线塔导线横担挂点角钢间距为 48mm、螺栓孔径 23.5mm，与导线悬垂串联塔金具不匹配。

2. 监督依据

《金具全过程技术监督精益化管理实施细则》（工程设计阶段）第 2.1.1 条监督要点 3："与横担连接的第一个金具应转动灵活且受力合理，其强度应高于串内其他金具强度。"

3. 问题分析

在线路设计中，金具串选型设计属于线路电气专业，杆塔设计属于线路结构专业，两个专业设计人员针对联塔金具与横担挂点设计未进行沟通或者互相提资，导致联塔金具与横担挂点不匹配。

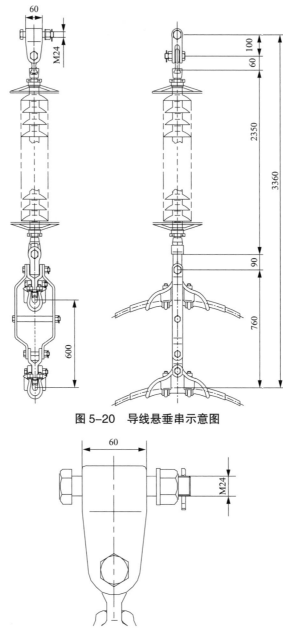

图 5-20 导线悬垂串示意图

图 5-21 联塔金具 ZBS 挂板示意图

　　潜在风险：将造成导地线附件安装时悬垂金具串无法安装，造成物资浪费和现场返工情况，影响工期；若施工人员在金具串与挂孔尺寸不匹配的情况下，强行将金具串安装在塔身上，会导致金具串长期受到不平衡挤压、拉拽力作用，进而可能引发金具断裂、断线等严重危害电网安全运行的事故。

4. 处理措施

技术监督人员要求线路电气专业设计人员将联塔金具挂孔尺寸要求提资给线路结构专业设计人员，由线路结构专业设计人员对杆塔横担导线挂点尺寸进行修改设计。开展技术监督工作后，该工程直线塔导线横担挂点角钢间距调整为64mm、螺栓孔径为25.5mm，可满足导线悬垂串联塔金具安装要求。

5. 工作建议

设计人员在开展设计时应注意专业间互相配合，导地线联塔金具与杆塔横担挂点应相互提资核对，避免造成在施工阶段导地线附件安装时金具串无法安装，造成物资浪费和现场返工情况，影响工期。

6

电缆线路

6.1　电缆型号

【案例 44】电缆截面积选择偏小

技术监督阶段：工程设计。

1. 问题简述

某 220kV 线路工程，包含架空线路和电缆线路两部分。架空线路架设至变电站外电缆终端塔，架空线路从电缆终端塔引下至电缆终端平台，接入电缆线路从电缆沟敷设进变电站内。该工程选用架空导线型号为 2×JLHA3–425 中强度铝合金绞线，选用电缆型号为 ZC–YJLW02–127/220–1×1600 交联聚乙烯电力电缆。在初步设计评审会上，技术专家指出："电缆截面积选择不当，应重新计算校核。"

2. 监督依据

《电缆全过程技术监督精益化管理实施细则》（工程设计阶段）第 1 条监督要点 1："电缆导体截面积选择应符合载流量设计和通过系统最大短路电流时热稳定的要求，并考虑空气环境温度校正系数和土壤热阻系数，由设计单位针对工程实际进行核算并出具报告。"

3. 问题分析

针对导线与电缆相接的线路工程，若导线选用特殊导线（节能导线等），电缆选型应根据导线选型差异合理选择，电缆导体截面积选择应与导线性能匹配，避免"卡脖子"问题出现。

4. 处理措施

设计人员根据初步设计审查专家意见，重新计算校核电缆导体截面积。由于工程采用节能导线，导线极限输送容量高于常规导线，考虑电缆与导线容量匹配，避免后期扩容导致"卡脖子"问题，电缆导体截面积选择改为 1800mm² 电缆。

5. 工作建议

设计人员应根据工程实际情况，统筹考虑电缆导体截面积选择，兼顾经济性与实用性；技术监督人员查阅设计说明书电缆选型部分，考虑工程投运后远期改造、扩容等因素，避免重复建设。

【案例 45】电缆外护套选型错误

技术监督阶段：工程设计。

1. 问题简述

某 110kV 电缆线路工程，参加初步设计评审会议，新建单回电缆线路路径长度 7.35km，采用电缆隧道敷设，选用 ZC–YJLW22–64/110–1×500mm² 电力电缆，为钢带铠装电缆。初步设计评审会上，专家指出："电缆选型错误，应选用非钢带铠装电力电缆。"

2. 监督依据

《电缆全过程技术监督精益化管理实施细则》（工程设计阶段）第 1 条监督要点 2："110（66）kV 及以上采用排管、隧道、电缆沟、竖井方式敷设的应选用软铜线或铜带金属护套，由设计单位在设计报告中提供选型依据。"

3. 问题分析

大截面单芯高压电力电缆若选用钢带铠装外护套，在电缆运行过程中，由于铠装用钢带具有良好导磁性能，钢带中将形成涡流电流，使钢带发热，会在很短时间内产生较高温度，导致电缆绝缘层融化或加快老化，绝缘性能受到破坏，造成电缆击穿。

4. 处理措施

技术监督人员查阅设计单位的初步设计电缆选型部分，要求将原设计方案中采用钢带铠装电缆方案更换为采用非钢带铠装电缆，电缆型号为 ZC–YJLW02–64/110–1×500mm²。

5. 工作建议

设计人员应严格执行电缆线路设计相关规范规定，根据电缆敷设环境，合理选择电缆型号；技术监督人员应对设计说明书、设计图纸进行审阅，对设备选型不当造成的影响电缆安全运行的风险点进行排查。

6.2 电缆附件

【案例 46 】电缆户外终端选型错误

技术监督阶段：工程设计。

1. 问题简述

某 110kV 线路工程，自 220kV 变电站 110kV 构架起，采用架空出线 1 回，走线至 110kV 变电站外电缆终端塔后，改用电缆沿终端塔引下。电缆终端塔采用悬式设计，电缆户外终端采用户外干式柔性终端。在初步设计评审会上，技术监督专家指出："电缆户外终端不应选择户外干式柔性终端。"

2. 监督依据

《国家电网有限公司关于印发十八项电网反事故措施（修订版）的通知》（国家电网设备〔2018〕979 号）第 13.1.1.3 条规定："110kV 及以上电压等级电缆线路不应选择户外干式柔性终端。"

《国家电网有限公司关于印发十八项电网反事故措施（修订版）的通知》（国家电网设备〔2018〕979 号）第 13.1.1.5 条规定："110kV 及以上电力电缆站外户外终端应有检修平台，并满足高度和安全距离要求。"

3. 问题分析

户外干式柔性终端具有安装简单、停电时间短等优点，随着其大量应用，暴露出的缺点也很明显：户外干式柔性终端自持力不足，若固定不牢，运行后易随风摆动，发生弯曲，造成应力锥位置位移，进而造成终端绝缘击穿故障。该项目中，设计人员未能贯彻执行《国家电网有限公司关于印发十八项电网重大反事故措施（修订版）的通知》（国家电网设备〔2018〕979 号）的相关要求，导致电缆户外终端选型错误。

4. 处理措施

更换户外电缆终端型号，采用复合套管电缆终端。电缆终端塔加装电缆附件固定平台，户外电缆终端座式固定，保证电缆终端和避雷器固定牢靠。

5. 工作建议

设计人员应根据电缆终端运行检修出现的问题及时修正设计方案，严格贯彻执行《国家电网有限公司关于印发十八项电网重大反事故措施（修订版）的通知》（国家电网设备〔2018〕979 号）要求；技术监督人员应根据运行经验及时消缺，提出电缆终端设计方案、设备选型中的问题，从而降低电缆终端故障风险。

【案例 47】电缆终端固定不规范

技术监督阶段：工程设计。

1. 问题简述

某 110kV 线路工程，设计的电缆终端杆电缆引下如图 6-1 所示。在初步设计评审会上，技术监督人员指出："该工程设计的电缆终端杆电缆终端法兰盘出口处电缆引下无垂直段，未加装检修平台。"

2. 监督依据

《电缆全过程技术监督精益化管理实施细则》（工程设计阶段）第 2 条监督要点 10："电缆终端法兰盘（分支手套）下有不小于 1m 的垂直段，且刚性固定应不少于 2 处。"

《国家电网有限公司关于印发十八项电网反事故措施（修订版）的通知》（国家电网设备〔2018〕979 号）第 13.1.1.5 条规定："110kV 及以上电力电缆站外户外终端应有检修平台，并满足高度和安全距离要求。"

3. 问题分析

该工程设计的电缆终端杆电缆终端固定位置离杆身距离较远，电缆从电缆终端引下时需沿杆身引下，难以保证电缆终端出口 1m 的垂直段，电缆在电缆终端处连接不牢靠，电缆终端杆未加装检修平台。

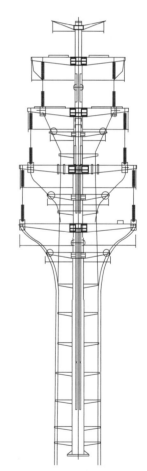

图 6-1 电缆终端杆电缆引下示意图

4. 处理措施

重新设计电缆终端杆杆头，优化电缆终端布置位置，下横担下加装电缆附件安装、检修平台，安装户外电缆终端、避雷器，方便检修人员开展检修维护工作。引下过渡导线满足电气安全距离要求，尽量减小引下电缆弯曲半径。重新设计的电缆终端杆电缆引下如图6-2所示。

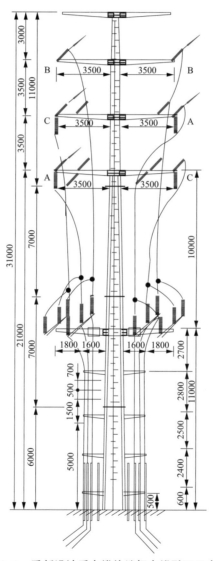

图6-2 重新设计后电缆终端杆电缆引下示意图

5. 工作建议

设计人员需根据电力电缆线路相关运维规程要求开展设计，优化设计方案，从源头消除运行维护风险。技术监督人员应查阅设计图纸、设计说明书，根据相关运维规程和精益化管理要求，提出电缆附件设计方案、设备选型中的问题，从工程设计阶段降低电缆附件故障风险。

6.3 电缆土建

【案例 48】电缆沟未设计盖板

技术监督阶段：工程设计。

1. 问题简述

某 220kV 电缆线路工程建设于省会城市市郊，新建电缆沟敷设 220kV 电缆。技术监督人员查阅设计说明书、设计图纸及工程概算，发现电缆沟设计断面无盖板，错误的采用混凝土全包封断面，同时未采取防火、通风、排水等措施。

2. 监督依据

《电缆全过程技术监督精益化管理实施细则》（竣工验收阶段）第 3 条监督要点 1："1 电缆沟内应无杂物，无积水，盖板齐全；2 隧道内应无杂物，照明、通风、排水等设施应符合设计要求。"

3. 问题分析

该工程新建 220kV 电缆线路，采用新建电缆沟敷设，但未配置盖板，错误采用现浇混凝土全包封形式，现浇混凝土全包封形式为电缆隧道敷设的建设形式。该工程中，设计人员擅自将电缆沟和电缆隧道的敷设方式组合使用，导致设计方案既不满足电缆沟的敷设要求（未配置盖板），也不满足电缆隧道的敷设要求（设计的断面尺寸不符合相关规程规范对电缆隧道建设的要求），同时未采取必要的通风、排水、防火措施。

4. 处理措施

技术监督人员明确要求采用电缆沟形式敷设电缆，要求设计人员增补设计说明书、设计图纸，设计方案中补充电缆沟盖板。

5. 工作建议

《电力工程电缆设计规范》（GB/T 50217—2018）对电缆隧道和电缆沟的定义以及设计

要求有明确的规定，技术监督人员需按照相关规程规范和工程实际需求提出电缆隧道和电缆沟的设计要求和边界，设计人员应严格根据相关规程规范设计，施工单位应严格按照设计图纸施工。

【案例 49】电缆隧道与其他沟道距离不足

技术监督阶段：工程设计。

1. 问题简述

某 220kV 电缆线路工程建设于省会城市市区内，新建电缆隧道敷设 220kV 电缆，电缆路径穿越城市主干道。技术监督人员查阅设计说明书、设计图纸时，发现电缆隧道与上方已建污水管道净距为 95cm，不满足相关规程规范要求。

2. 监督依据

《电缆全过程技术监督精益化管理实施细则》（竣工验收阶段）第 3 条监督要点 6："电缆隧道与其他沟道交叉的局部段净高不得小于 1400mm 或改为排管连接。"

3. 问题分析

该工程新建 220kV 电缆线路采用新建电缆隧道敷设，穿越城市主干道，主干道下其他市政管道较多，新建电缆隧道与多条市政管道垂直交叉，因设计疏忽，导致新建电缆通道与污水管道的垂直安全距离不满足相关规程规范要求。

4. 处理措施

设计人员修改设计图纸，电缆隧道穿越该城市主干道时采用竖井进行下沉式设计，最终将电缆隧道距离污水管道净距控制为 2.1m。

5. 工作建议

《电力工程电缆设计规范》（GB/T 50217—2018）对电缆隧道与其他管道的垂直和安全距离有明确的要求，技术监督人员需按相关规程规范对设计图纸进行审核，设计人员应严格根据相关规程规范设计，明确相关规范当中对"净距""距离"的定义。

6.4 监测设备

【案例 50】重要电缆隧道未加装温度在线监测装置

技术监督阶段：工程设计。

1. 问题简述

某 220kV 电缆线路工程建设于省会城市市区内，沿主干道新建电缆隧道敷设 220kV 电缆。技术监督人员查阅设计说明书、设计图纸及工程概算，发现该工程未设计电缆温度在线监测装置，未计列相关设备费用。

2. 监督依据

《电缆全过程技术监督精益化管理实施细则》（工程设计阶段）第 5 条监督要点 10："变电站夹层宜安装温度、烟气监视报警器，重要的电缆隧道应安装温度在线监测装置，并应定期传动、检测，确保动作可靠、信号准确。"

3. 问题分析

该工程新建 220kV 电缆线路敷设于城市主干道，新建电缆隧道为重要电缆隧道，应安装温度在线监测装置，并根据远期隧道内电缆布置，宜加装接地环流监测系统、水位监测、环境温湿度监测、视频门禁等监测系统。

4. 处理措施

设计人员增补设计说明书、设计图纸，增加电缆监测系统章节，补充温度在线监测装置系统设计图纸，在工程概算中计列相关设备费用。

5. 工作建议

电缆线路设计相关国家标准、行业标准等主要参考规范未对电缆监测系统设计进行明确规定，因此技术监督人员需根据实际工程情况，结合电缆线路运维要求，提出监测设备加装的必要性及配置原则，设计人员根据工程设计范围合理配置。

7

绝缘与防雷接地设备

7.1 接地网

【案例 51】变电站接地网降阻方案设计深度不足

技术监督阶段：工程设计。

1. 问题简述

某变电站工程站址表层土壤电阻率约为 $600\Omega \cdot m$，设计单位直接参照以往常规土壤电阻率的降阻方案，设计碎石地面和均压带，降阻方案不够具体，无法保证接地电阻、接触电势和跨步电势满足相关规程要求。

2. 监督依据

《国家电网有限公司关于印发十八项电网重大反事故措施（修订版）的通知》（国家电网设备〔2018〕979 号）第 14.1.1.2 条规定："对于 110（66）kV 及以上电压等级新建、改建变电站，在中性或酸性土壤地区，接地装置选用热镀锌钢为宜，在强碱性土壤地区或者其站址土壤和地下水条件会引起钢质材料严重腐蚀的中性土壤地区，宜采用铜质、铜覆钢（铜层厚度不小于 0.25mm）或者其他具有防腐性能材质的接地网。对于室内变电站及地下变电站应采用铜质材料的接地网。"

《国家电网有限公司关于印发十八项电网重大反事故措施（修订版）的通知》（国家电网设备〔2018〕979 号）第 14.1.1.9 条规定："对于高土壤电阻率地区的接地网，在接地阻抗难以满足要求时，应采取有效的均压及隔离措施，防止人身及设备事故，方可投入运行。对弱电设备应采取有效的隔离或限压措施,防止接地故障时地电位的升高造成设备损坏。"

3. 问题分析

设计单位未按工程实际情况设计接地方案,直接参照以往常规土壤电阻率的降阻方案,可能导致接地电阻、接触电势、跨步电势不满足相关规程要求,存在安全隐患。

4. 处理措施

经计算,该变电站入地电流为 3855A,接地电阻为 5.95Ω,接地电阻不能满足小于 4Ω 的要求。采用增加 4 个 50m 深的深井接地极的降阻方案后,该变电站接地电阻为 2.20Ω,最大跨步电势为 63.6V,最大接触电势为 816.7V。最大跨步电势满足小于跨步电势允许值要求,最大接触电势不满足接触电势允许值要求,需在设备基础周围、维护通道、巡视通道、户外操作位置周围采取敷设均压或绝缘地坪措施,以保障运行维护人员的安全。

5. 工作建议

设计单位应在工程设计阶段加强勘测深度,根据工程实际情况设计接地方案,按照实地勘测的技术参数计算接地电阻,校验接触电势、跨步电势;当接触电势、跨步电势不满足要求时,需结合计算结果优化确定降阻措施,细化降阻费用,保证变电站在高土壤电阻率环境的接地安全。

7.2 穿墙套管

【案例 52】穿墙套管钢板未割缝

技术监督阶段：工程设计。

1. 问题简述

某变电站电容器组穿墙套管电流不大于 1500A，套管钢板未割缝。该变电站穿墙套管钢板如图 7-1 所示。

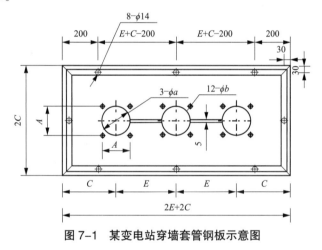

图 7-1 某变电站穿墙套管钢板示意图

注：当套管电流在 1500A 及以上时，应在钢板上开一条 5mm 缝隙，并用铜焊焊满。

2. 监督依据

《电气装置安装工程 母线装置施工及验收规范》（GB 50149—2010）第 4.0.8 条规定："穿墙套管的安装应符合下列要求：2 穿墙套管直接固定在钢板上时，套管周围不得形成闭合磁路。"

3. 问题分析

穿墙套管直接固定在钢板上时，如不在钢板上割缝，交变电流将通过套管在周围钢板上形成闭合磁路，产生涡流损耗，导致钢板发热；存在因钢板过热使套管绝缘介质老化从而影响套管绝缘水平的风险。

4. 处理措施

穿墙套管直接固定在钢板上时，钢板均需割缝，套管周围不得形成闭合磁路。

5. 工作建议

设计单位应加强对相关施工及验收规范的学习理解，当穿墙套管直接固定在钢板上时，钢板均需割缝。

7.3 避雷器、避雷针

【案例 53】避雷器重复设置

技术监督阶段：工程设计。

1. 问题简述

某改扩建工程中，110kV 线路侧已设置避雷器，避雷器与被保护设备的电气距离满足规定值，仍在母线侧重复设置 110kV 避雷器。

2. 监督依据

《交流电气装置的过电压保护和绝缘配合设计规范》（GB 50064—2014）第 5.4.13.4 条规定："66 ~ 220kV 敞开式变电站线路断路器的线路侧宜安装一组金属氧化物避雷器（MOA）。"

《交流电气装置的过电压保护和绝缘配合设计规范》（GB 50064—2014）第 5.4.13.6 条规定了，线路入口的金属氧化物避雷器与主变压器的电气距离不超过表 7-1 规定值时，可不在母线上安装金属氧化物避雷器。

表 7-1　　　　　　　**金属氧化物避雷器至主变压器间最大电气距离**　　　　　　（m）

系统标称电压（kV）	进线长度（km）	进线路数			
		1	2	3	≥ 4
110	1	55	85	105	115
	1.5	90	120	145	165
	2	125	170	205	230

3. 问题分析

设计单位未严格按照相关规范要求配置避雷器，导致避雷器配置方案不合理。

4. 处理措施

经技术监督，取消 110kV 母线侧避雷器。

5. 工作建议

改扩建工程中，不可照搬前期配置，应严格按照《交流电气装置的过电压保护和绝缘配合设计规范》（GB 50064—2014）要求配置避雷器。

【案例 54】避雷器压力释放口朝向巡视通道

技术监督阶段：工程设计。

1. 问题简述

某变电站避雷器的压力释放口朝向巡视通道（放电计数器及在线监测装置侧），存在安全隐患。

2. 监督依据

（1）《电气装置安装工程　高压电器施工及验收规范》（GB 50147—2010）第 9.2.8 条规定：“避雷器的排气通道应通畅，排气通道口不得朝向巡检通道，排出的气体不致引起相间或对地闪络，并不得喷及其他电气设备。”

（2）标准工艺避雷器安装：压力释放口方向合理。避雷器压力释放口方向不得朝向巡检通道，排出的气体不致引起相间闪络，并不得喷及其他电气设备。

3. 问题分析

设计人员在避雷器布置时未考虑压力释放口位置，导致朝向不合理，存在安全隐患。

4. 处理措施

调整避雷器朝向，将放电计数器及在线监测装置统一朝向侧边（其他相避雷器或构架）。

5. 工作建议

设计人员应考虑实际运行维护安全需要，严格执行相关施工及验收规范、标准工艺的相关要求，避雷器的压力释放口不得朝向巡视通道。

7.4 输电防雷接地

【案例 55】线路接地装置选择不当

技术监督阶段：工程设计。

1. 问题简述

某 110kV 架空输电线路工程跨西港段土壤为滨海盐土性土壤，未选用抗腐蚀能力较强的接地材料。该 110kV 架空输电线路工程跨西港段如图 7-2 所示。

图 7-2 某 110kV 架空输电线路工程跨西港段

2. 监督依据

《电网金属技术监督规程》（DL/T 1424—2015）第 6.1.6 条规定："中性或酸性土壤地区接地金属宜采用热浸镀锌钢。强碱性或钢制材料严重腐蚀土壤地区，宜采用铜质、铜覆钢或其他等效防腐性能材料的接地网。"

3. 问题分析

盐渍及滨海盐土性土壤条件下，选用常规型式的接地材料容易受到腐蚀，影响输电线路的接地要求。

4. 处理措施

结合跨西港段沿线土壤情况，跨西港段 4 基铁塔采用《国家电网公司依托工程设计新技术推广应用成果汇编》输电线路工程不锈钢复合材料接地装置新技术（编号 SXYM-TSA3-01），采用不锈钢复合材料接地装置，以满足该段线路在盐渍及滨海盐土性土壤条件下的接地要求。

5. 工作建议

（1）严格执行相关设计规程、规范要求，细化接地型式、接地材料。
（2）按照基建和运维部门要求合理使用降阻模块，因地制宜考虑多种接地方式。

8

环境保护及水土保持

8.1　环境保护

【案例 56】线路路径跨越生态保护红线

技术监督阶段：规划可研。

1. 问题简述

某 110kV 新建线路工程，建设规模及主要路径如下。

（1）线路规模：新建线路总长约 31.2km，全线单、双回路混合架设，其中单回线路长度约 0.9km，双回线路长度约 30.3km，导线采用 JL/G1A–300/25 钢芯铝绞线。

（2）路径方案：线路从 110kV 甲变电站南侧出线，至在建纬八路南侧，再向东沿纬八路南侧走线至创业大道西侧，继续沿纬八路南侧走线至 ×× 村北侧，再向东南转经 ×× 村、×× 村后至 ×× 庄北侧，再向南转走至 ×× 村南侧，后跨 ×× 湖泊（该湖泊在生态保护红线范围内）至 ×× 村，再向西南转至 110kV 乙变电站。

本 110kV 新建线路工程系统接线方案如图 8-1 所示。

2. 监督依据

《环保全过程技术监督精益化管理实施细则》（规划可研阶段）第 1 条监督要点 1："建设项目选址（选线）、布局和规模应当遵守生态保护红线规定。"

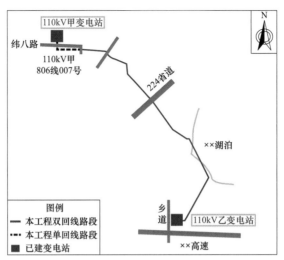

图 8-1　本 110kV 新建线路工程系统接线方案示意图

《环境影响评价技术导则输变电工程》（HJ 24—2014）第 4.2.8 条规定：环境影响评价文件应附当地有关部门关于同意选线选址的意见，当工程方案涉及自然保护区、风景名胜区、世界文化和自然遗产地、饮用水水源保护区等环境敏感区时，应有相应政府主管部门的意见。"

3. 问题分析

按照可研方案中给出的推荐线路路径，线路有部分跨越某湖泊，该湖泊区域为生态红线保护范围，不符合相关环保法律法规的要求。

4. 处理措施

在该项目可行性研究阶段，优化调整线路路径，核实线路工程附近相关生态红线及其他环境敏感点的具体位置，选择避让湖泊的路径。

5. 工作建议

在工程规划可研阶段，要提高环境保护意识，严格按照相关环保规程规范要求，充分重视输变电工程在环境保护方面的影响，合理优化设计方案，尽量避让生态红线、自然保护区、风景名胜区、世界文化和自然遗产地、饮用水水源保护区等环境敏感区。

【案例 57】变电站未按终期规模考虑噪声排放

技术监督阶段：规划可研。

1. 问题简述

某 500kV 变电站位于城市郊区，厂界噪声标准按声环境 2 类执行，一期建设时未按照终期规模考虑噪声排放的环境影响评价措施，在设计扩建第 2 台主变压器时，计算发现厂界（围墙）处噪声不达标。

2. 监督依据

环境保护要求变电站噪声必须同时符合《工业企业厂界环境噪声排放标准》(GB 12348—2008) 和《声环境质量标准》(GB 3096—2008)，前者指企业厂界排放噪声要求，后者是指周围敏感点环境噪声要求。各类厂界噪声标准值见表 8-1。

表 8-1 　　　　　　　　　　　　　**各类厂界噪声标准值**　　　　　　　　（等效声级 LAeq：dB）

类别	昼间	夜间
0	50	40
1	55	45
2	60	50
3	65	55
4	70	55

根据环保部门的要求，该变电站执行声 2 类。

3. 问题分析

一期工程设计时，第 1 台主变压器位置靠近站址中部，距离围墙较远，主变压器两侧设有防火墙，围墙采用实体围墙、高度 2.3m，围墙处噪声满足控制要求；但扩建第 2 台主变压器时，即使设置防火墙，围墙处噪声仍超标。主要问题即该变电站一期设计噪声控制未按远景考虑。

4. 处理措施

在围墙处增加隔声屏障。由于现有围墙无法满足上部增加隔声屏障的受力要求，在现有围墙旁设置落地的隔声屏障，在围墙旁增加混凝土基础，隔声屏障通过工字钢柱固定在基础上，隔声屏障高度 2.5m、顶部离地高度 4.8m。

5. 工作建议

在进行新建工程设计时，噪声控制不仅要考虑本期，也要计算远景噪声，均需满足要求，即厂界噪声达标；若围墙处噪声超标，一般采取加高围墙或在围墙上设置隔声屏障的措施，避免后期扩建采取隔声措施困难且不经济。

【案例58】变电站生活污水处理方案不满足环保要求

技术监督阶段：工程设计。

1. 问题简述

在进行某变电站工程生活污水排放设计时，未按照环保部门要求的污水处理方式处理。

2. 监督依据

《变电站和换流站给水排水设计规程》（DL/T 5143—2018）第5.1.2条规定了，排水系统宜采用分流制。第5.6.1条规定了，生活污水处理设施的工艺流程应根据污水性质、回用或排放要求确定。

3. 问题分析

该工程地处环境影响评价要求严格地区，环境影响评价报告书内明确了污水处理方案为处理达标后回用，但编制设计方案时未能严格按照环保部门相关要求执行，生活污水处理后排入站区排水管网。

4. 处理措施

在工程设计阶段，应严格按照环境影响评价报告书方案执行，设置生活污水处理系统，生活污水通过地埋式污水处理装置，经二级生物化学处理并进行消毒排入站区复用水池，用于站区降尘或冲洗道路，不外排。

5. 工作建议

在工程设计阶段，环境影响评价方案应严格按照相关规程规范及当地环保部门要求，充分重视排水对当地环境影响，合理优化设计方案，尤其是环境影响敏感地区应避免出现污水外排情况出现。变电站所在环境条件不同，地区上存在差异，排水系统是采用合流制还是分流制、雨水是否采用有组织排水方式、生活污水采用何种处理方式等，应在满足国家规范及当地环保部门要求的前提下，根据工程的具体情况经过综合分析后确定。

8.2 水土保持

【案例 59 】建设项目未按要求编制水土保持方案

技术监督阶段：规划可研。

1. 问题简述

某位于山区的新建 220kV 输变电工程项目，主变压器容量：本期 2×180MVA，终期 3×180MVA。变电站占地面积 34889m^2。该项目未委托有相应能力的单位编制水土保持方案。

2. 监督依据

《环保全过程技术监督精益化管理实施细则》（规划可研阶段）第 1.1.3 条监督要点规定："1. 涉及水土保持的建设项目启动编制水土保持方案工作。2. 复核建设项目选址（选线）、布局，尽量避让水土流失重点预防区和重点治理区等。3. 复核取土、弃土（渣）、余土综合利用等水保协议情况。"

3. 问题分析

《中华人民共和国水土保持法》第二十五条规定了，在山区、丘陵区、风沙区以及水土保持规划确定的容易发生水土流失的其他区域开办可能造成水土流失的生产建设项目，生产建设单位应当编制水土保持方案，报县级以上人民政府水行政主管部门审批，并按照经批准的水土保持方案，采取水土流失预防和治理措施。没有能力编制水土保持方案的，应当委托具备相应技术条件的机构编制。

该项目位于山区，且占地面积超过 10000m^2，根据相关法律规定应委托具备相应技术条件的机构编制水土保持方案。

4. 处理措施

根据有关法律法规要求，应在规划可研阶段启动委托水土保持方案编制。

5. 工作建议

建议在工程规划可研阶段主动联系当地水行政主管部门，并按照国家有关法律法规要求启动水土保持方案编制工作。

【案例 60】护坡方案错误

技术监督阶段：工程设计。

1. 问题简述

某位于山区的 110kV 变电站新建工程，引接自北侧县道，县道坡度较大，变电站设计标高和围墙外县道存在较大高差。

变电站北侧围墙中心线和县道路边之间的距离仅为 4m，站址设计标高和现状县道路面高差为 5m，在初步设计阶段，围墙和县道边采用草皮护坡方案（土质边坡）。在施工阶段，施工单位先施工了变电站围墙，围墙和县道路边仅采用自然放坡，未进行草皮护坡处理。

该变电站所在地区进入雨季后，降雨量较大，且持续时间较长；一次大雨后，围墙和县道边坡发生了小范围塌方，全部边坡范围均出现水土流失现象，并且影响上部县道的安全，对变电站围墙及站内设备也有安全隐患。

2. 监督依据

《变电站总布置设计技术规程》（DL/T 5056—2007）第 6.3.6 条规定："土质开挖边坡的坡率允许值应根据经验，按工程类比的原则并结合已有稳定边坡的坡率值分析确定。当无经验，且土质均匀良好、地下水贫乏、无不良地质现象和地质环境条件简单时，可按下表6.3.6-1 确定。"土质开挖边坡的坡率允许值见表 8-2。

表 8-2 土质开挖边坡的坡率允许值

边坡土体类别	密实度或状态	坡率允许值（高宽比）	
		坡高小于 5m	坡高 5～10m
碎石土	密实	1：0.35～1：0.50	1：0.50～1：0.75
	中密	1：0.50～1：0.75	1：0.75～1：1.00
	稍密	1：0.75～1：1.00	1：0.10～1：1.25
黏性土	坚硬	1：0.75～1：1.00	1：0.10～1：1.25
	硬塑	1：0.10～1：1.25	1：0.25～1：1.50

注 1. 表中碎石土的充填物为坚硬或硬塑状态的黏性土。
2. 对于砂土或充填物为砂土的碎石土，其边坡坡率允许值应按自然休止角确定。

《建筑边坡工程技术规范》（GB 50330—2013）第 18.1.7 条规定："边坡工程施工应进行水土流失、噪声及粉尘控制等的环境保护。"

3. 问题分析

原设计方案中围墙中心线和县道边线距离仅为 4m，高差却有 5m，除去围墙外截水沟占用的 1m 后，可用于站外边坡使用的范围仅有 3m，护坡坡率为 1∶0.6（高宽比），该工程边坡土质为硬塑，按《变电站总布置设计技术规程》（DL/T 5056—2007）中表 6.3.6-1（见表 8-1），允许坡率值为 1∶1.00 ～ 1∶1.25，该工程护坡坡率远大于允许坡率值，应增加围墙和道路之间的距离，或者采用其他护坡方式。

施工时，施工单位未先进行边坡的施工，并做好水土保持防护工作，造成该工程边坡在雨季长时间降雨下发生水土流失，影响上部县道、变电站围墙和站内设备的安全。

4. 处理措施

由于该工程变电站围墙等站内一些设备基础已经施工完成，在施工图阶段调整了护坡方案，改成素混凝土仰斜式挡土墙护坡，局部区域没有空间施工挡土墙，拆除了一部分围墙，等挡土墙施工完成后再进行恢复。

5. 工作建议

在工程设计阶段，土建专业人员在布置站址时，应尽量在变电站围墙和道路边考虑足够的距离，给边坡设计预留空间；如果受用地规划的限制，建议综合考虑工程地质、边坡坡率、场地条件、水土保持选择合适的护坡方案。在施工阶段，施工单位应先施工站外边坡、挡土墙和截水沟，再施工变电站围墙及站内建构筑物，防止发生水土流失。

【案例 61】变电站排水不满足水土保持要求

技术监督阶段：工程设计。

1. 问题简述

某变电站站外排水由防洪沟经站区南侧汇流池直接排至站外，未经固定沟渠至自然冲沟，水土保持验收时，验收人员提出变电站站外设防洪沟排水极易引起部分水土流失。

2. 监督依据

《生产建设项目水土保持技术标准》（GB 50433—2018）第 5.5.1 条规定："截排水措施

设计应符合下列规定：1. 生产建设项目施工破坏原地表水系的，应布设截排水措施。根据项目具体情况和所在区域特点，因地制宜地采取截水沟、排水沟、排洪渠（沟）等形式。截水沟、排水沟、排洪渠（沟）应与自然水系顺接，并布设消能防冲措施。"

3. 问题分析

变电站站外设防洪沟，按照由站址两侧汇至站区南侧排水，东西分流，东西排洪渠分别沿站区东西围墙外侧布置；站内排水由北向南侧排水，场地设计排水坡度为2%。站内外排水通过站区南侧汇流池排向站外，最终排入站址南侧冲沟。站址如地处雨季较多地区，雨量较大，或对于水土保持较为敏感地区，汇流池与自然冲沟之间未有固定排水沟，此设计方案会导致在自然冲沟与汇流池间存在水土流失现象。

4. 处理措施

在施工图设计阶段，在站区排水汇流池与自然冲沟间增设排水沟，当雨水在汇流池聚集沉淀后，最终通过增设的排水沟引接至自然冲沟。

5. 工作建议

在工程设计阶段，土建给排水专业人员应严格按照环境影响和水土保持报告及相关规程规范要求，充分重视排水对当地水土保持的影响，合理优化设计方案，尤其是在水土保持敏感地区应避免出现排水至自然地形，以确保水土保持。

9

水工及暖通

9.1　水工

【案例 62】水文地质勘测深度不足

技术监督阶段：规划可研。

1. 问题简述

某电站进坝道路边坡防护新建棚洞工程，道路等级为矿山道路二级，设计速度 20km/h，路面面层为水泥混凝土路面，棚洞总长为 54m，棚洞宽度为 5m，棚洞净高为 5m，棚洞荷载主要为结构自重、上覆层压力、飞石堆积荷载等。棚洞外侧排架基础采用直径 1.3m 桩基设置，桩基长度均为 25m，桩基采用机械成孔施工。经技术监督发现，该设计方案与地质条件不相符，存在较大安全隐患。

2. 监督依据

《大坝（含工程边坡）全过程技术监督精益化管理实施细则》（规划可研阶段）第 1.1.1条监督要点 2："应查明工程区建筑物的工程地质条件和存在的主要工程地质问题。"

3. 问题分析

按照原设计方案，外侧排架基础采用桩基，且桩基采用机械施工。经查阅过往该处地质勘查资料发现，该处为山体垮塌堆砌而成，且堆积体间缝隙较大，采用机械施工存在严重漏浆现象，无法成孔；该段基础基岩存在较大坡度，桩基长度应根据基岩位置进行调整。

4. 处理措施

建议在该施工路段进行详细地质勘查，查明地质条件及桩基施工存在的问题，再对桩基施工方式及桩基长度进行调整。

5. 工作建议

在工程设计阶段，水工专业人员应加强与地质专业人员的沟通合作，严格按照《大坝（含工程边坡）全过程技术监督精益化管理实施细则》及相关规范要求，加强对建筑物地质情况的排查，使设计与地质情况相符合，以便于后期施工及工程投资管控。

9.2 暖通

【案例 63】10kV 配电装置室未考虑除湿设施

技术监督阶段：规划可研。

1. 问题简述

某 110kV 变电站新建工程在可研报告中未对 10kV 配电装置室是否需采用除湿设备进行论述。在暖通设计中，10kV 配电装置室仅配置轴流风机机械排风，对室内设备的稳定运行带来一定影响。

2. 监督依据

《国家电网公司关于印发电网设备技术标准差异条款统一意见的通知》（国家电网科〔2017〕549 号）规定："关于开关柜配电室配置除湿设备的要求。执行 DL/T 587—2007《微机继电保护装置运行管理规程》规定。室内环境温度超过 5℃ ~ 30℃范围，应配置空调等有效的调温设施，室内日最大相对湿度超过 95% 或月最大相对湿度超过 75% 的开关柜配电室，应配置工业除湿机或空调。配电室排风机控制空气开关应在室外。"

3. 问题分析

该 110kV 变电站新建工程可研报告未论述是否需采用除湿设备，根据该地区气候情况，一般需配置空调才能达到设备温湿度的要求。

4. 处理措施

设计单位修订可研报告，根据该地区气候情况，补充配置空调以满足设备温湿度的要求。

5. 工作建议

在规划可研阶段，应注意按相关的规程规范进行暖通设计工作，并进行必要性论证，配置相应的除湿设备并在可研报告中明确工程量。

【案例 64】配电装置室暖通进、排风口布置不合理

技术监督阶段：工程设计。

1. 问题简述

某 330kV 变电站新建工程，10kV 配电装置室为单层建筑，采用机械排风、自然进风方式，事故排风机兼作通风机用。配电装置室轴流风机和进风口设在同一面墙上，造成气流短路，事故排风量不能满足相关规范要求。

2. 监督依据

《工业建筑供暖通风与空气调节设计规范》（GB 50019—2015）第 6.3.5 条规定了，机械送风系统进风口的位置应避免进风、排风短路。

3. 问题分析

该工程将轴流风机和进风口设在同一面墙上，进、排风口距离过近，气流组织不合理，没有形成室内气流循环，造成气流短路。轴流风机和进风口如图 9-1 所示。

图 9-1　轴流风机和进风口

4. 处理措施

该工程室内未形成气流循环，为保证室内气流组织，进、排风口宜采取房间对侧或者对角布置。确因房间布置或设备布置影响，进、排风口距离较近时，轴流风机可采取加装风管措施，以保证通风效果。

5. 工作建议

在工程设计中，应根据建筑和电气设备布置，严格按照《工业建筑供暖通风与空气调节设计规范》（GB 50019—2015）等规范要求，确定通风设计方案，合理的布置进、排风口，确保整个气流走向的畅通，获得最佳的通风效果。

同时，对于 GIS 室、SF_6 断路器开关柜室，依据《民用建筑电气设计规范》（JGJ 16—2008）第 4.10.8 条"装有六氟化硫（SF_6）设备的配电装置的房间，其排风系统应考虑有底部排风口"，含 SF_6 设备的配电装置室应考虑排风装置，当配电装置室 SF_6 浓度超标时，自动启动相应的风机。